essentials

Essentials liefern aktuelles Wissen in konzentrierter Form. Die Essenz dessen, worauf es als „State-of-the-Art" in der gegenwärtigen Fachdiskussion oder in der Praxis ankommt. *Essentials* informieren schnell, unkompliziert und verständlich

- als Einführung in ein aktuelles Thema aus Ihrem Fachgebiet
- als Einstieg in ein für Sie noch unbekanntes Themenfeld
- als Einblick, um zum Thema mitreden zu können

Die Bücher in elektronischer und gedruckter Form bringen das Fachwissen von Springerautor*innen kompakt zur Darstellung. Sie sind besonders für die Nutzung als eBook auf Tablet-PCs, eBook-Readern und Smartphones geeignet. *Essentials* sind Wissensbausteine aus den Wirtschafts-, Sozial- und Geisteswissenschaften, aus Technik und Naturwissenschaften sowie aus Medizin, Psychologie und Gesundheitsberufen. Von renommierten Autor*innen aller Springer-Verlagsmarken.

Yannick Borkens · Dominik Tripp

Die Biodiversität der Zwischenwirts-populationen von *Toxoplasma gondii*

Yannick Borkens
Institut für Pathologie
Charité Campus Mitte, Charité
Universitätsmedizin Berlin
Berlin, Deutschland

Dominik Tripp
Buteo Landschaftsökologen Bednarz
Bednarz & Winter GbR
Recklinghausen, Deutschland

ISSN 2197-6708 ISSN 2197-6716 (electronic)
essentials
ISBN 978-3-662-73439-1 ISBN 978-3-662-73440-7 (eBook)
https://doi.org/10.1007/978-3-662-73440-7

Die Deutsche Nationalbibliothek verzeichnet diese Publikation in der Deutschen Nationalbibliografie; detaillierte bibliografische Daten sind im Internet über https://portal.dnb.de abrufbar.

Springer Spektrum ist ein Imprint der eingetragenen Gesellschaft Springer-Verlag GmbH, DE und ist ein Teil von Springer Nature.
Die Anschrift der Gesellschaft ist: Heidelberger Platz 3, 14197 Berlin, Germany

Was Sie in diesem *essential* finden können

- In diesem Essential erhalten Sie eine allgemeine Einführung in die Biologie und die Medizin von *Toxoplasma gondii*, ein weltweit vorkommender Protist, der zu den häufigsten Parasiten der Medizin zählt.
- Eine Übersicht über die verschiedenen Zwischenwirte, die *T. gondii* für seine Vermehrung befällt.
- Die Diversität dieser Zwischenwirte, wie sie sich mit *T. gondii* infizieren können und welche klinische Rolle der Parasit bei den verschiedenen Wirten spielt.

Interessenkonflikt Die Autor*innen haben keine relevanten Interessenskonflikte im Zusammenhang mit dieser Publikation.

Inhaltsverzeichnis

Allgemeine Biologie 1

1.1 Biologie und Geschichte

Toxoplasma gondii ist ein parasitärer Protist aus der Gruppe der Apicomplexa. Die Apicomplexa sind eine systematisch ranglose Gruppe von Einzellern, zu der wichtige Erreger wie *Plasmodium* (Malaria), *Cryptosporidium* und *Neospora* gehören. Sämtliche Vertreter der Apicomplexa sind an eine parasitäre Lebensweise angepasst und infizieren sowohl Wirbeltiere wie auch Wirbellose. Sie besitzen typische anatomische Merkmale: einen apikalen Komplex mit Polring (bestehend aus mehreren Mikrotubuli), zwei Rhoptrien (verlängerte Vesikel) und Mikroneme (kleine Vesikel mit lytischen Enzymen), die für das Eindringen in Wirtszellen entscheidend sind, sowie den Apicoplasten (ein Plastid mit vier Membranen, lebenswichtig für den Parasiten und daher ein Ziel für Therapeutika). Apicomplexa betreiben als obligate Endoparasiten keine Fotosynthese. Weitere Kennzeichen sind die Alveolarstruktur und das Fehlen von Geißeln; die Fortbewegung erfolgt meist durch eine charakteristische Gleitbewegung.

T. gondii ist der einzige Vertreter der Gattung *Toxoplasma* und einer der weltweit verbreitetsten Parasiten: In Deutschland tragen etwa 50 % der Bevölkerung Antikörper. Der Name Toxoplasma leitet sich von den griechischen Wörtern τόξον (tóxon) für Bogen und πλάσμα (plásma) für Gebilde ab. Grund für diese Benennung ist die typische Halbmondform der Tachyzoiten. Das Artepitheton *gondii* nimmt Bezug auf den Gundi (*Ctenodactylus gundi*), ein afrikanisches Nagetier, in dem *T. gondii* das erste Mal entdeckt wurde. Die Zellen des Parasiten variieren in Größe und Form: Oozysten messen bis 11 µm, Gewebezysten bis 300 µm, Tachyzoiten 2–5 µm. Es gibt schnell teilende Tachyzoiten und langsam teilende

Y. Borkens, D. Tripp, *Die Biodiversität der Zwischenwirtspopulationen von* Toxoplasma gondii, essentials,
https://doi.org/10.1007/978-3-662-73440-7_1

Bradyzoiten. Strukturell sind beide Formen identisch. Abb. 1.1 zeigt eine Tachyzoite von *T. gondii* im Detail, Abb. 1.2 vier nachkolorierte Zellen.

Besonders interessant ist die mögliche Verhaltensbeeinflussung durch *T. gondii*: Infizierte Nagetiere zeigen weniger Angst vor Katzen. Ähnliche Effekte wurden auch bei Primaten beobachtet, welche ihre Furcht vor zum Beispiel Leoparden verlieren. Studien bei Menschen deuten auf ein erhöhtes Risikoverhalten und eine höhere Unfallrate bei infizierten Personen hin. Solche Manipulationen wurden auch bei anderen Parasiten beschrieben (z. B. beim Pilz *Ophiocordyceps unilateralis* bei Ameisen). Wie *T. gondii* dies bewirkt, ist noch unklar. Vermutlich spielen Gewebezysten im Nervengewebe eine Rolle.

1.2 Lebenszyklus

Das Verständnis parasitärer Lebenszyklen ist für Zoologie und Ökologie, aber auch Medizin (um gezielte Therapien und Impfungen zu entwickeln) entscheidend. Auch Public-Health-Maßnahmen wie Insektizide oder Moskitonetze basieren auf diesem Wissen. Verschiedene Parasiten infizieren Wirte auf unterschiedliche Weisen: Sie können durch die Bisse von blutsaugenden Insekten (*Plasmodium*, *Trypanosoma*, *Wuchereria bancrofti*), den Konsum von kontaminierten Lebensmitteln (*Giardia*, *Cryptosporidium*, *Trichinella spiralis*) oder durch sexuellen Kontakt (*Trichomonas vaginalis*) übertragen werden. Auch die aktive Suche nach Wirten ist bei Parasiten belegt. Zum Beispiel bei Würmern der Gattung *Schistosoma*, die aktiv die Haut von Schwimmern durchdringen können.

Der Lebenszyklus von *Toxoplasma gondii* ist vergleichsweise einfach und erfordert einen End- und Zwischenwirt. Endwirte sind Mitglieder der Felidae (Katzen) wie der Löwe, der Tiger oder auch die Hauskatze. Letztere gilt als relevanter Überträger für die Toxoplasmose bei Menschen. Katzenbesitzer werden zu der sogenannten *Population at Risk* gezählt. Zwischenwirte sind alle warmblütigen Tiere, also Säuger und Vögel. Infizierte Katzen scheiden Oozysten durch den Kot aus. Sie sind infektiös und enthalten zwei Sporozysten mit je vier Sporozoiten. Diese widerstandsfähigen Stadien bleiben bis zu fünf Jahre infektiös und gelangen über Boden oder Wasser in Zwischenwirte. Dort schlüpfen Sporozoiten, infizieren beliebige Körperzellen und vermehren sich intrazellulär asexuell, bis die Zelle platzt und Tachyzoiten freisetzt. Diese breiten sich weiter im Körper aus. Von der Zellinfektion bis zur Freisetzung der neuen Tachyzoiten dauert es in der Regel 6 h, durch die Immunabwehr des Wirtes kann der Vorgang allerdings verlangsamt werden. Zusätzlich können Gewebezysten entstehen, vor allem in Muskel-, Gehirn- und Augengewebe, die für die Infektion des Endwirtes entscheidend sind. Katzen

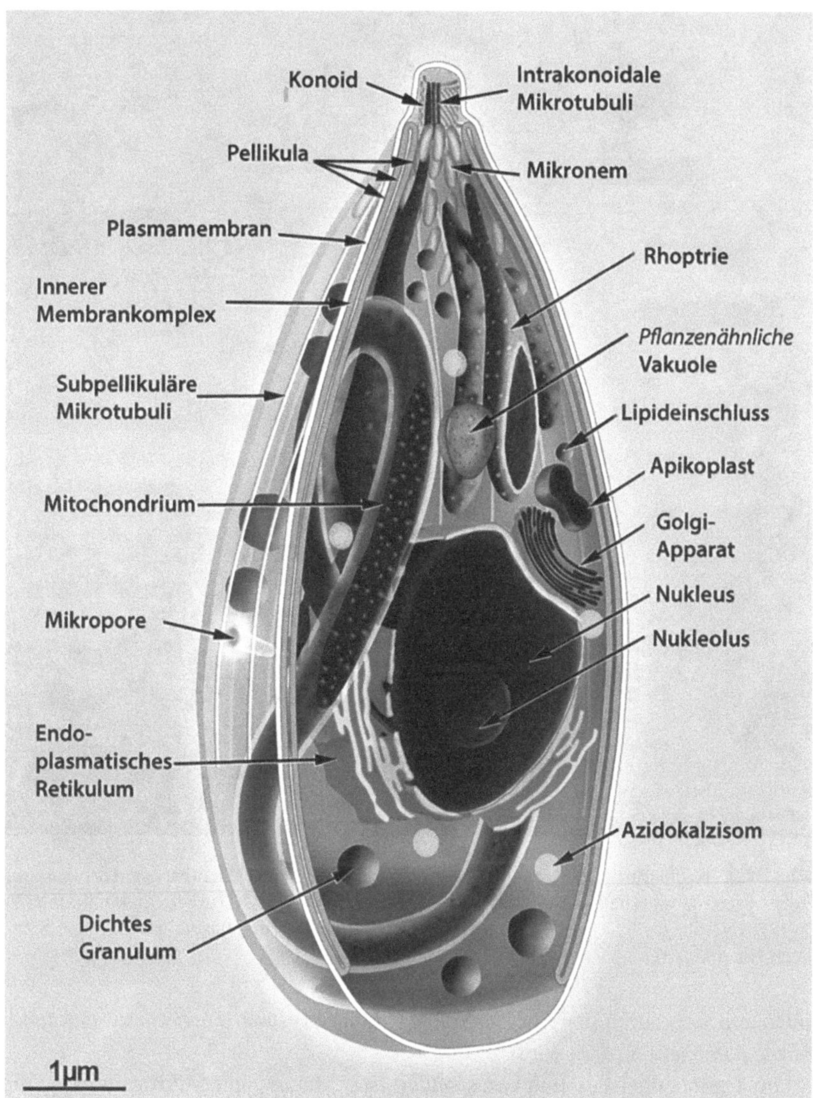

Abb. 1.1 Längsschnittachse der Tachyzoitenform von *Toxoplasma gondii* unter Angaben der Hauptstrukturen und Organellen. (Aus Borkens 2021, deutsche Übersetzung nach Attias et al., 2020)

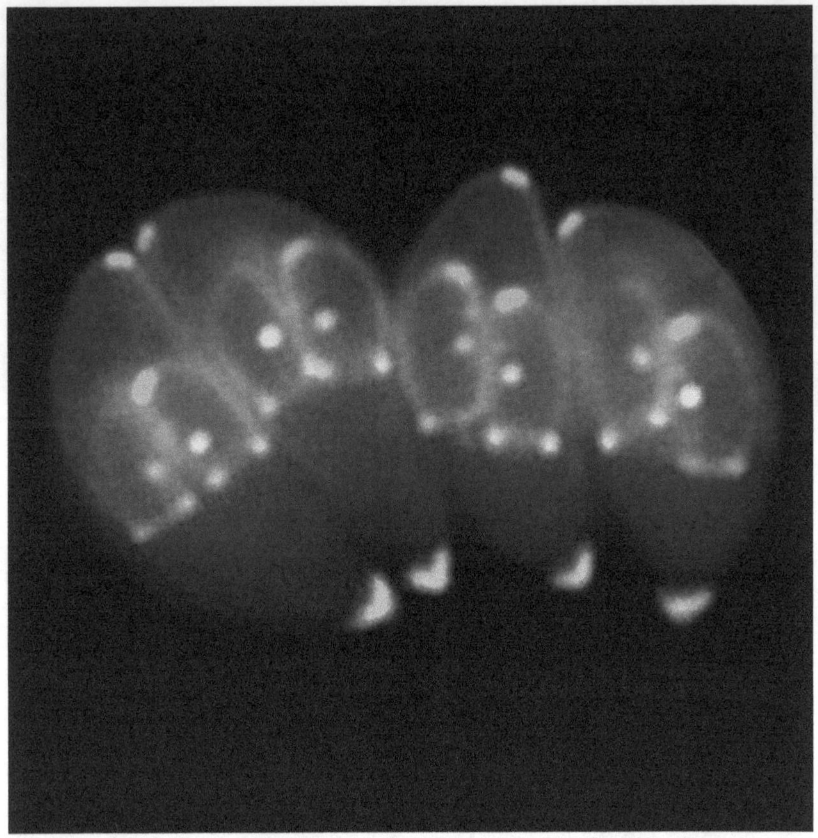

Abb. 1.2 Nachkolorierte Aufnahme von vier Toxoplasmen. Sichtbar sind Zellen, die Tochtergerüste innerhalb der Mutterzelle aufbauen. Grün: YFP-α-Tubulin, hellgelb: mRFP-TgMORN1. (Quelle: https://de.wikipedia.org/wiki/Datei:Toxoplasma_gondii.jpg. Siehe auch Hu et al., 2006)

infizieren sich durch den Verzehr solcher Beute, weshalb *T. gondii* zu den *food-borne pathogens* gezählt wird.

Im Darmepithel des Endwirtes bilden sich Makro- und Mikrogamonten, die schließlich Makro- und Mikrogameten bilden. Es kommt zur geschlechtlichen Vermehrung und zur Bildung einer diploiden Zygote, aus welcher sich schließlich eine unsporulierte Oozyste bildet. Diese wird über den Kot ausgeschieden und vollendet somit den Lebenszyklus. Unsporulierte Oozysten sind die nichtinfektiösen

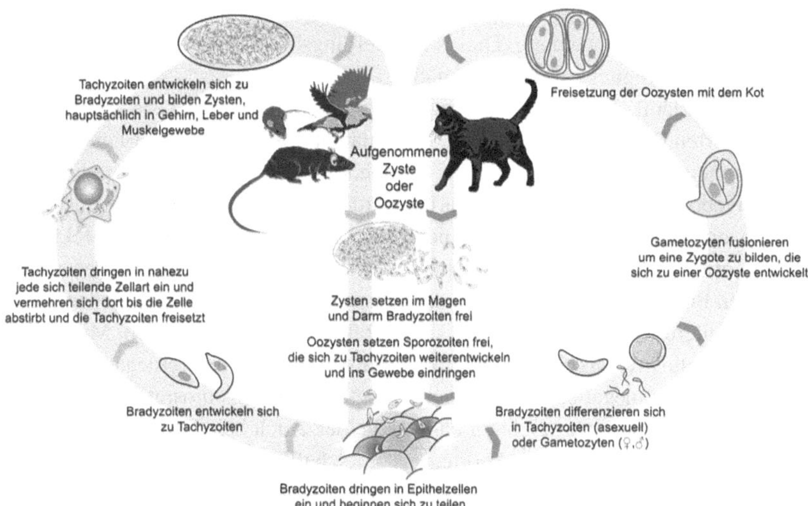

Abb. 1.3 Lebenszyklus von *T. gondii*

Vorstufen der sporulierten Oozysten. Diese sind infektiös und benötigen zur Ausbildung Sauerstoff. Dieser Vorgang wird als Sporulation bezeichnet. Der Lebenszyklus umfasst drei Phasen: Die extraintestinale Phase (1. Phase), die externe Phase (2. Phase) und die enteroepitheliale Phase (3. Phase). Der Lebenszyklus ist schematisch in Abb. 1.3 dargestellt.

1.3 Epidemiologie, Diagnostik und Therapie der Toxoplasmose

1.3.1 Epidemiologie und Klinik

T. gondii gehört zu den weltweit häufigsten Parasiten; etwa 30 % der Weltbevölkerung sind infiziert. Die Prävalenz variiert allerdings stark: Afrika bis 61 %, Ozeanien 38 %, Südamerika 31 %, Europa 29 %, Nordamerika 17 %, Asien 16 %. In Deutschland liegt sie bei rund 50 %, ähnlich wie in Österreich und der Schweiz. Da kontaminierte Nahrung und Wasser eine relevante Form der Übertragung ist, spielt Hygiene und das Monitoring tierischer Produkte eine wichtige Rolle bei der Prophylaxe gegen *T. gondii.* Höhere Hygienestandards und Lebensmittelkontrollen senken das Risiko in wohlhabenden Ländern, dennoch ist die Infektion weit verbreitet. Auch wichtige Maßnahmen wie das Screening von Schwangeren findet hier eine breitere Anwendung. Dieses ist allerdings nicht überall verpflichtend; in Deutschland erfolgt es nicht routinemäßig.

Meist verläuft die Infektion symptomlos. Gefährlich wird sie bei immunsupprimierten Personen (z. B. AIDS-, Transplantationspatienten oder Personen mit angeborenen Immundefekten) und bei kongenitaler Toxoplasmose. Diese Form betrifft ungeborene Föten, die im Uterus der Mutter infiziert werden. Der Parasit kann die Plazentaschranke überwinden und so den Fötus befallen. Frühe Infektionen führen oft zu Fehl- oder Totgeburten, spätere zu Augenschäden oder neurologischen Problemen. Infektionen in der frühen Schwangerschaft sind jedoch recht selten. Weitere mögliche Symptome sind intrakranielle Verkalkungen, Mikro- und Makrozephalie, ventrikuläre Dilatation, Hydrozephalus, Hepatomegalie, Splenomegalie, Kardiomegalie, Aszites und intrauterine Wachstumsretadierungen. In Deutschland werden jährlich 6–23 Fälle gemeldet. Auch bei Nutztieren verursacht die kongenitale Toxoplasmose Aborte, was wirtschaftliche Schäden nach sich zieht.

Die klinischen Symptome hängen von der Zahl der Tachyzoiten, dem betroffenen Gewebe und der Immunabwehr ab. Bei immunkompetenten Erwachsenen bleibt die Infektion meist subklinisch. Bei Jungtieren und immungeschwächten Wirten kann sie jedoch schwere Erkrankungen wie Pneumonie, Myokarditis, Lebernekrose oder Meningoenzephalitis, Chorioretinitis, Lymphadenopathie und Myositis auslösen. Typische Symptome sind Fieber, Durchfall, Dyspnoe, Ikterus, Krampfanfälle und Tod.

Ein wichtiger klinischer Aspekt der Toxoplasmose ist ihre Rolle bei Aborten. Diese treten bei Schafen, Ziegen, Schweinen und Hirschartigen auf. Tachyzoiten können die Plazentaschranke überwinden, den Fötus infizieren und Nekrosen verursachen. Auch die Plazenta selbst kann betroffen sein (siehe Abb. 1.4 und 1.5). Immungeschwächte erwachsene Wirte sind zudem anfällig für eine akute generalisierte Toxoplasmose, die vor allem neurologische und respiratorische Symptome verursacht.

1.3.2 Diagnostik

Goldstandard sind serologische Tests auf Antikörper. IgM weist auf eine akute, IgG auf eine ältere Infektion hin.[1] Zur Sicherung der Diagnose kann eine PCR DNA von *T. gondii* nachweisen. Diese unterscheidet aber nicht zwischen lebenden und

[1] Die Abkürzung Ig steht für Immunglobuline. Dies wiederum ist der Fachbegriff der im alltäglichen Sprachgebrauch als Antikörper bezeichneten Proteine.

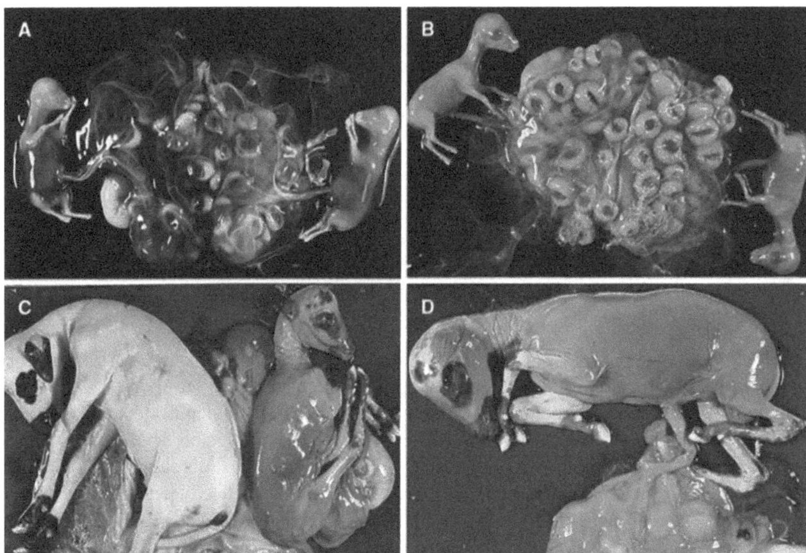

Abb. 1.4 Makroskopische Läsionen bei Föten. (**a**) Abdominalblutung bei Zwillingsföten eines Mutterschafs, das mit 40dpi getestet wurde. Teilweise sind Stauungen im fötalen Teil sichtbar. (**b**) Zwillingsföten von einem nicht infizierten Kontrollschaf. (**c**) Zwillingsföten von einem befallenen Mutterschaf. Die Föten weisen einen unterschiedlichen Grad an Autolyse auf, was darauf hindeutet, dass ihr Tod an verschiedenen Tagen nach der Infektion eintrat. (**d**) Abortierter Fötus mit Mazeration und Autolyse der Plazenta. (Aus Castaño et al., 2016)

toten Parasiten. Histologische Untersuchungen und Biopsien erfolgen bei klinischem Verdacht. Kulturverfahren sind möglich, werden aber kaum genutzt. Schwangerschaftsscreenings basieren ebenfalls auf serologischen Tests; bei fehlenden Antikörpern sind Verlaufskontrollen empfohlen.

1.3.3 Therapie

Bei behandlungsbedürftiger Toxoplasmose werden Pyrimethamin (gegen Protisten) kombiniert mit Sulfadiazin (ein antiparasitisches und bakteriostatisches Sulfonamid) und Folinsäure eingesetzt. Weitere Optionen sind Clindamycin und Atovaquon. Bei Schwangeren gilt: Bis zur 16. Woche Spiramycin, danach Pyrimethamin, Sulfadiazin und Folinsäure in vierwöchigen Intervallen. Frühzeitige Therapie kann

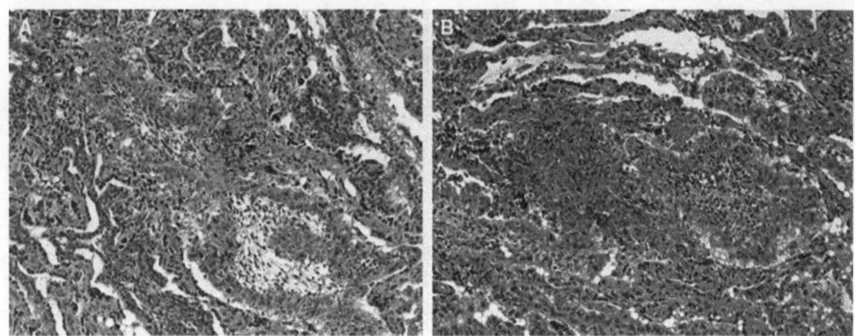

Abb. 1.5 Mikroskopische Läsionen in der Plazenta. (**A**) Leichte Plazentitis bei einem Mutterschaf, das mit 40dg getestet wurde. Sie ist gekennzeichnet durch Serumaustritt zwischen dem mütterlichen und dem fötalen Gewebe, fokale Nekrose der fötalen Zotten und nicht eitrige Entzündung im angrenzenden mütterlichen Septum. (**b**) Mäßige bis schwere Plazentitis bei einem Mutterschaf, das mit 90dg getestet wurde. Die Läsion ist durch eine großflächige Nekrose gekennzeichnet, die sowohl die mütterliche als auch die fötalen Zotten betrifft, sowie durch eine spärliche Infiltration von Entzündungszellen. (Aus Castaño et al., 2016)

das Risiko für den Fötus um bis zu 60 % senken. Die gleichen Wirkstoffe kommen auch bei Neugeborenen zum Einsatz.

Eine Impfung gegen *T. gondii* existiert derzeit nicht. Veterinärmedizinische Ansätze werden erforscht und könnten in naher Zukunft helfen die Verbreitung des Parasiten zu reduzieren.

Jagdwild

2

Eine der wichtigsten Zwischenwirtsgruppen von *T. gondii* ist Jagdwild – also Wildtiere, die gejagt und als Nahrungsquelle genutzt werden. Dazu zählen vor allem Hirsche (Cervidae) und Wildschweine (Suidae), aber auch Wildvögel. Der Begriff *Wild* bezeichnet jagdbares Wildtier und ist nicht mit dem allgemeinen Begriff *Wildtier* gleichzusetzen. In Deutschland definiert das Bundesjagdgesetz (§ 1 BJagdG) Wild als „wildlebende Tiere, die dem Jagdrecht unterliegen". Dazu gehören auch Arten, die ganzjährig geschont werden, wie Wisente oder Greifvögel. Ähnliche Regelungen existieren in anderen Ländern.

Jagdwild wird in verschiedene Kategorien eingeteilt, darunter:

- **Haarwild**: bejagte Säugetiere.
- **Federwild**: bejagte Vögel.
- **Schalenwild**: bejagte Paarhuftiere (die Hufe werden als Schalen bezeichnet) -> zum Beispiel Hirsche und Wildschweine.
- **Raubwild**: bejagte Fleischfresser (nicht zu verwechseln mit dem zoologischen Namen *Raubtier*, also Katzen, Hunde und Bären etc.) -> zum Beispiel Rotfuchs, Steinmarder oder Vögel wie Raubvögel und Raben.
- **Rauhwild**: bejagte Pelztiere, die wegen ihrer Pelze bejagt werden.
- **Großwild**: bejagte Großtiere (oder starke Tiere) -> zum Beispiel Bisons oder Wisente und Elche, aber auch große Raubtiere wie Bären und Großkatzen.
- **Hochwild**: im Mittelalter bejagte Tiere, deren Jagd den Fürsten vorbehalten war -> Zum Beispiel Wisent, Elch und Rothirsch.
- **Niederwild**: im Mittelalter bejagte Tiere, die von Vasallen und anderen niederstämmigen Personen bejagt werden durften.

Y. Borkens, D. Tripp, *Die Biodiversität der Zwischenwirtspopulationen von* Toxoplasma gondii, essentials,
https://doi.org/10.1007/978-3-662-73440-7_2

- **Bushmeat**: Fleisch von Tieren aus tropischen Regionen -> zum Beispiel Antilopen, Büffel, Affen oder Großreptilien wie Krokodile.

Durch Überjagung kann gerade das Bushmeat lokale Ökosysteme gefährden.

Wildfleisch kann eine Quelle für Infektionskrankheiten sein, da Sicherheitskontrollen weniger streng sind als bei Nutztieren. Relevante Erreger sind u. a. *Escherichia coli*, *Paragonimus westermani*, *Sarcocystis* und *T. gondii*. Besonders bei unzureichender Garung drohen Infektionen oder lokale Ausbrüche. Toxoplasmosefälle beim Menschen wurden mehrfach mit Wildfleisch in Verbindung gebracht. Im Folgenden werden Wildschweine und Hirsche näher betrachtet.

2.1 Wildschweine

Das Wildschwein (*Sus scrofa*) ist ein Paarhufer aus der Familie der Echten Schweine (Suidae) und die Stammform des Hausschweines (*Sus scrofa domesticus*). Im Vergleich zum Hausschwein sind Wildschweine allerdings massiver und besitzen ein dichtes Fell. Größe wie auch Gewicht schwanken zum Teil deutlich zwischen den verschiedenen Populationen. Während es ursprünglich aus Eurasien und Nordafrika stammte, ist das Wildschwein mittlerweile weltweit verbreitet und passt sich immer stärker an den Menschen an; selbst Großstädte wie Berlin sind keine Barriere mehr.

Antikörper gegen *T. gondii* wurden bei Wildschweinen in vielen Regionen nachgewiesen: Südamerika (Brasilien, Argentinien, Kolumbien), Nordamerika (USA, Kanada, Mexiko), Europa (Deutschland, Spanien, Italien, Österreich, Schweiz, Skandinavien, Osteuropa), Russland und Asien (Japan, Korea) sowie auf entlegenen Inseln wie den Marianen. In Deutschland liegt die Prävalenz zwischen 8,8 % und 26,2 %. Die Verbreitung in isolierten Gebieten wird vermutlich durch Seefahrer erklärt.

Wildschweine sind Allesfresser, was die Infektion begünstigt. Symptome treten selten auf, meist bei Jungtieren, immungeschwächten oder trächtigen Tieren. Sie reichen von Fieber, Atemproblemen, Schwäche und Durchfall bis zu neurologischen Ausfällen und Krampfanfällen; auch Totgeburten sind möglich. Aufgrund der hohen Prävalenz stellt Wildschweinfleisch eine relevante Infektionsquelle für den Menschen dar und sollte stets gut durchgegart werden.

2.2 Hirsche

Hirsche (Cervidae) sind wichtige Jagdwildarten und gehören zu den Paarhufern. Charakteristisch ist ihr Geweih, das ihnen den Namen „Geweihträger" einbrachte. Die Familie umfasst über 80 Arten, die fast weltweit vorkommen; von den Tropen bis zur Arktis. Die meisten Hirsche leben in mehr oder weniger dichten Wäldern. Viele Arten bevorzugen die Waldränder. Nur in den wenigsten Fällen passen sich Hirsche an offene Landschaften an.

In Mitteleuropa sind Rehe (*Capreolus capreolus*) am häufigsten, daneben Rothirsche (*Cervus elaphus*) und Damhirsche (*Dama dama*). In Deutschland wurden in der Saison 2020/2021 über 2,2 Mio. Rehe erlegt. Auch Elche, Karibus und Mufflons gehören in Europa zum Jagdwild, in Nordamerika vor allem Weißwedelhirsche (*Odocoileus virginianus*). Hirschfleisch zählt zu den relevantesten Fleischquellen und besitzt eine große historische Bedeutung sowohl in Deutschland wie auch in anderen europäischen Ländern und in Nordamerika.

Hirsche ernähren sich überwiegend herbivor von Blättern, Knospen, Früchten und Rinde. Auch Wasserpflanzen, Kräuter und Flechten stehen auf ihrem Speiseplan. Sie ergänzen ihre Nahrung aber gelegentlich mit tierischen Bestandteilen wie Krustentiere, Fische oder Vögel. Auch Knochen können abgenagt werden, vermutlich zur Mineralstoffaufnahme.

Alle beschriebenen Arten zeigen eine positive Seroprävalenz für *T. gondii*, die regional bis zu 100 % reichen kann. Unzureichend gegartes Hirschfleisch ist daher eine relevante Infektionsquelle für den Menschen. Bei Hirschen selbst treten Symptome selten auf und sind meist mild (Fieber, Atemnot), schwere Fälle mit Lähmungen sind selten. Infektionen erfolgen vermutlich über die Nahrung; kongenitale Übertragung ist möglich, aber wenig erforscht.

Haus- und Nutztiere 3

3.1 Hausschweine

Das Hausschwein (*Sus scrofa domesticus*), die domestizierte Form des Wildschweins, ist eines der wichtigsten Nutztiere. Als Allesfresser nehmen Schweine leicht Oozysten aus der Umwelt auf. Serologische Studien bestätigen eine hohe Infektionsrate, besonders bei Tieren aus Freilandhaltung; Innenhaltung reduziert das Risiko. Katzen auf Höfen erhöhen die Übertragungswahrscheinlichkeit.

Gesunde Schweine zeigen meist keine Symptome. Bei Erkrankung treten unspezifische Anzeichen wie Fieber, Husten, Atemprobleme, Durchfall oder Appetitlosigkeit auf; selten Muskelschäden. Infektionen erfolgen überwiegend postnatal, kongenitale Übertragung ist möglich.

Da Schweinefleisch weltweit stark konsumiert wird, ist es eine der wichtigsten Infektionsquellen für den Menschen. Fleisch sollte gut durchgegart oder vor Verarbeitung eingefroren werden. Katzen sind von Ställen fernzuhalten. Impfstoffe könnten künftig eine Rolle spielen, stehen derzeit aber nicht zur Verfügung.

3.2 Pferde und Esel

Das Hauspferd (*Equus caballus*) und der Hausesel (*Equus asinus asinus*) sind seit Jahrtausenden wichtige Nutztiere. Beide gehören zur Gattung *Equus* und können gekreuzt werden, wobei sterile Maultiere entstehen.[1] Pferde sind reine

[1] Die Sterilität resultiert aus dem ungeraden Chromosomensatz, der bei der Kreuzung entsteht -> *E. caballus* 2n = 64/n = 32; *E. asinus* 2n = 62/n = 31.

Y. Borkens, D. Tripp, *Die Biodiversität der Zwischenwirtspopulationen von* Toxoplasma gondii, essentials,
https://doi.org/10.1007/978-3-662-73440-7_3

Pflanzenfresser und nehmen große Futtermengen auf, was die Aufnahme von Oozysten aus Nahrung und Wasser begünstigt. Jungpferde fressen gelegentlich Dung der Eltern, was das Risiko einer Übertragung noch einmal erhöht.

Die globale Seroprävalenz für *T. gondii* liegt bei Pferden im Schnitt bei etwa 11 %, bei Eseln bei rund 10 %, mit starken regionalen Schwankungen (0–90 %). Ältere Tiere sind häufiger infiziert, was auf postnatale Übertragung hinweist. Der Kontakt zu Katzen ist ein zusätzlicher Risikofaktor. Ein Zusammenhang mit dem Geschlecht wurde wiederum nicht festgestellt.

Gesicherte klinische Toxoplasmosefälle bei Pferden sind selten; viele ältere Berichte gelten als unsicher und wurden später anderen Parasiten wie *Sarcocystis neurona* oder *Neospora* spp. zugeordnet. Für den Menschen ist der Konsum von Pferdefleisch ein Risiko, da der Parasit im Fleisch nachgewiesen wurde. Auch Eselsmilch kann gefährlich sein. Sie wird zunehmend als Lifestyleprodukt und in Kosmetik verwendet und könnte ein relevantes Infektionsrisiko darstellen.

3.3 Schafe und Ziegen

Schafe (*Ovis*) und Ziegen (*Capra*) gehören zur Familie der Hornträger (Bovidae) und sind seit Jahrtausenden bedeutende Nutztiere für Fleisch, Milch und Wolle. Beide stammen ursprünglich aus Europa und Nordafrika, leben heute weltweit und wurden etwa 8000 v. Chr. domestiziert. Ziegen sind meist größer und kräftiger als Schafe und an gebirgige Lebensräume angepasst. Beide geben Fleisch, Wolle und Milch. Auch die Hörner können genutzt werden. Das Hausschaf (*Ovis gmelini aries*) ging wahrscheinlich aus dem Armenischen Wildschaf (*Ovis gmelini*), die Hausziege (*Capra aegagrus hircus*) aus der Bezoarziege (*Capra aegagrus*) hervor.

Beide Arten sind Pflanzenfresser und ernähren sich vor allem von Gräsern und Kräutern. Schafe sind eher tagaktiv, Ziegen eher dämmerungs- und nachtaktiv. Antikörper gegen *T. gondii* wurden weltweit nachgewiesen; Studien stammen aus den USA, Mexiko, Europa, Afrika und Asien. Die Prävalenz steigt mit dem Alter: Mutterschafe sind doppelt so häufig infiziert wie Lämmer, die meisten Tiere infizieren sich bis zum vierten Lebensjahr. Dennoch können selbst ältere Tiere seronegativ bleiben. Semiintensive Haltung erhöht das Risiko gegenüber intensiver Haltung.[2] Ähnlich sieht die Situation bei Ziegen aus. Weitere Risikofaktoren sind Katzenkontakt, Nutzung von Oberflächenwasser und niedrige Höhenlagen. Interessanterweise scheint auch die Höhenlage einen Einfluss auf die Prävalenz zu

[2] Intensive Tierhaltung ist ein anderer Begriff für Massentierhaltung.

besitzen. Betriebe in niedrigeren Höhenlagen weisen eine höhere Prävalenz auf als Betriebe in höheren Lagen.

Toxoplasmose ist bei Schafen und Ziegen eine ernsthafte Erkrankung, vor allem bei trächtigen Tieren. Häufig kommt es zu Totgeburten oder intrauteriner Mumifizierung, bei der der tote Fötus im Mutterleib verbleibt, was eine ernstzunehmende Gefahr darstellt. Eine Studie aus dem Jahr 2007 beschreibt die Verteilung von *T. gondii* in Geweben von totgeborenen Ziegen recht detailliert. Laut dieser wurde *T. gondii*-DNA in 23 von 362 Föten, in 6 von 12 Plazenten, in 7 von 81 Gehirnen, in 3 von 41 Milzen, in 5 von 80 Muskeln und in 2 von 79 Lebern gefunden. Je nach Gewebeinfiltration umfassen die Symptome Appetitlosigkeit, Fieber, Schwäche, Atemprobleme, gastrointestinale Beschwerden, Nervenausfälle sowie Entzündungen (Enzephalitis, Myokarditis, etc.). Gerade bei jungen Tieren kann es darüber hinaus auch zu einem *Sudden Death* kommen. Allgemein sind Todesfälle bei Schafen und Ziegen sehr häufig und stellen ein erhebliches veterinärmedizinisches und wirtschaftliches Risiko dar. Gerade für kleine Betriebe können gehäufte Fälle existenzbedrohend sein.

3.4 Rinder

Rinder (*Bos taurus*) gehören zu den wichtigsten Nutztieren und stammen vom Auerochsen (*Bos primigenius*) ab, der im 17. Jahrhundert ausstarb. Sie werden für Fleisch, Milch und Leder gehalten. Neben dem Hausrind gibt es wilde Arten wie den Bison (*B. bison*), den Wisent (*B. bonasus*), den Gaur (*B. gaurus*) oder den Yak (*B. mutus*), welche teilweise domestiziert wurden. Rinder sind große Pflanzenfresser (bis zu 3,5 m Länge, bis zu 2 m Schulterhöhe) und Wiederkäuer mit einem mehrkammerigen Magen. Sie ernähren sich überwiegend von Gras und nehmen täglich 70–140 kg auf. Rinder leben in Familiengruppen, die einen Bullen, mehrere Kühe und den Nachwuchs umfassen. Jungbullen leben in kleinen Junggesellengruppen oder einzelgängerisch.

Im Gegensatz zu Schafen und Ziegen zeigen Rinder eine bemerkenswerte Resistenz gegenüber *T. gondii*. Versuche, den Parasiten aus Rindergewebe zu isolieren, scheitern regelmäßig. Bereits 1989 zeigte Jitender Dubey, dass Katzen und Mäuse nach dem Verzehr von Gewebe einer infizierten Kuh keine Symptome entwickelten und keine Oozysten ausschieden.[3] Ähnliche Ergebnisse lieferten spätere

[3] Die Versuchstiere wurden mit verschiedenen Gewebearten einer infizierten Kuh gefüttert: 3 Katzen mit Leber, 2 Katzen mit Herz, 3 Katzen mit Fleisch, 1 Katze mit Niere, 1 Katze mit Gehirn, 1 Katze mit Zunge, 1 Katze mit Rückenmark.

Studien, darunter die US-amerikanische *National Retail Meat Survey* aus dem Jahr 2005, die 2049 Rindfleischproben untersuchte. Weder Antikörper noch lebensfähige Parasiten wurden in diesen Studien gefunden. Auch wilde Boviden wie Büffel, Bisons und Wisente scheinen diese Resistenz zu besitzen. Die Ursache ist unklar, vermutlich spielt ein besonders effektives Immunsystem eine Rolle Dies wird weiterhin erforscht.

Nagetiere und andere Kleinsäuger

4

Kleinsäuger sind für *T. gondii* besonders relevant: Sie stellen häufige Beutetiere von Katzen dar und sind die individuenreichste Säugergruppe. Viele lebende Säuger gehören zu ihnen.[1] Der Begriff ist nicht taxonomisch, sondern fasst kleine Beutetiere unter 1 kg zusammen, meist Nagetiere, Hasenartige, Insektenfresser und Fledertiere. Raubtiere wie Hermelin (*Mustela erminea*) oder Mauswiesel (*Mustela nivalis*) zählen trotz ihrer Größe nicht dazu. Teilweise werden auch andere Taxa wie beispielsweise die Spitzhörnchen (Scandentia) zu den Kleinsäugern gerechnet.

- **Rodentia (Nagetiere)** machen rund 40 % aller Säugerarten aus und sind weltweit verbreitet, außer in der Antarktis und ursprünglich auf einigen Inseln. Sie besiedeln unterschiedlichste Habitate und sind meist dämmerungs- oder nachtaktive Pflanzenfresser, einige omnivor. Einige sehr wenige Arten konsumieren auch kleinere Wirbeltiere.
- **Lagomorpha (Hasenartige)** sind größer, ebenfalls global verbreitet (mit Ausnahme der Antarktis), leben in den verschiedensten Habitaten und sind überwiegend herbivor.
- **Eulipotyphla (Insektenfresser)** (z. B. Igel, Maulwürfe) umfassen etwa 450 Arten. Es gibt bis heute kein eindeutiges Schlüsselmerkmal, welches die Insek-

[1] Hier sollte zwischen der natürlichen Population und der Landwirtschaft unterschieden werden. Tatsächlich sind die biomassereichsten Tiere heutzutage Nutztiere wie Schweine, Kühe und Schafe. Dies hat zweifellos mit der erfolgreichen Landwirtschaft des Menschen zu tun. Rein natürlich betrachtet würden diese großen Säugetiere nicht den Anteil der Biomasse ausmachen, den sie heute besitzen.

Y. Borkens, D. Tripp, *Die Biodiversität der Zwischenwirtspopulationen von* Toxoplasma gondii, essentials,
https://doi.org/10.1007/978-3-662-73440-7_4

tenfresser von anderen Säugetieren abgrenzt. Ihre Größe wie auch ihr Verhalten sind sehr divers. Sie ernähren sich primär von Insekten, teils auch von Aas oder kleinen Wirbeltieren. Pflanzliche Nahrung wird nur in geringem Maße verzehrt.

- **Chiroptera (Fledertiere)** sind die einzigen fliegenden Säugetiere. Sie variieren stark in Größe; von der winzigen Schweinsnasenfledermaus (*Craseonycteris thonglongyai*, 3 cm groß und 2 g schwer) bis zum Goldkronen-Flughund (*Acerodon jubatus*, Flügelspannweite bis 1,7 m). Traditionell wurden die Fledertiere in Fledermäuse und Flughunde unterteilt, jedoch unterscheidet die moderne Systematik Yinpterochiroptera (Yin-Fledertiere – Flughunde und Hufeisennasenartige) und Yangochiroptera (Yang-Fledertiere – die übrigen Fledermäuse). Die Fledermäuse sind kleine, nachtaktive Insektenfresser, während die Flughunde große, tagaktive Fruchtfresser sind. Fledertiere sind wichtige Reservoirs für Zoonosen und kommen weltweit vor, außer in der Antarktis und den Polarregionen. Charakteristisch ist ihre Fähigkeit zur Echoortung.

4.1 Nagetiere und Kleinsäuger der gemäßigten Breiten

Infektionen mit *T. gondii* sind bei Nagetieren und anderen Kleinsäugern gut dokumentiert. Betroffen sind u. a. Mäuse, Ratten, Meerschweinchen, Stachelschweine, Kaninchen, Wühlmäuse, Hasen, Igel und Eichhörnchen. Mehrere Reviews (zum Beispiel Dubey & Frenkel, 1998; Afonso et al., 2007; Dabritz et al., 2008) sowie Dubeys aktuelle Übersicht von 2021 fassen die Daten zusammen.

Die Infektionswege sind nicht vollständig geklärt. Bei Mäusen wurde bereits vor 60 Jahren eine kongenitale Übertragung nachgewiesen; sie kann über Generationen erfolgen, ohne erneute externe Infektion. Ähnliches gilt für Kaninchen: Eine Studie aus Spanien zeigte eine hohe Seroprävalenz unabhängig vom Alter, was für kongenitale oder frühe postnatale Infektion spricht.

Symptome bei Nagetieren sind unspezifisch: Apathie, Schwäche, Appetitlosigkeit, Atemprobleme, Gliedmaßenschwäche oder Lähmungen, die oft tödlich enden. Chronische Verläufe können Bewegungsstörungen, Kopfschiefhaltung und Zittern verursachen. Bei Insektenfressern ist der Infektionsweg ebenfalls unklar; Aas könnte eine Quelle sein. Sie scheinen etwas resistenter, zeigen meist milde grippeähnliche Symptome wie Fieber, Müdigkeit, Schmerzen und geschwollene Lymphknoten. Literatur zu Fledermäusen ist spärlich und stammt überwiegend aus tropischen Regionen (Südamerika, Asien).

4.2 Nagetiere und Kleinsäuger der Tropen

Auch in tropischen Regionen ist *T. gondii* bei Nagetieren verbreitet. Ein Beispiel ist das Capybara (*Hydrochoerus hydrochaeris*), das größte Nagetier der Welt, das in Südamerika lebt. Studien zeigen eine hohe Seroprävalenz. Symptome sind selten und unspezifisch, sollten sie auftreten. Capybaras und andere Meerschweinchenarten werden in Südamerika häufig verzehrt und stellen dadurch eine relevante Infektionsquelle dar. Eine strenge Überwachung von Tieren und Fleisch ist daher wichtig. Zu beachten sind Differenzialdiagnosen wie die Meerschweinchenlähme (ZNS-Entzündung unklarer Ursache) oder Vitamin-C-Mangel, die ähnliche Symptome verursachen können.

Die meisten Publikationen zu Fledermäusen stammen ebenfalls aus tropischen Regionen. Symptome sind selten und unspezifisch: Fieber, Durchfall, Lethargie, Gewichtsverlust. Auffällig ist die Anfälligkeit für pulmonale Manifestationen. Ein Case Report von 2012 beschreibt den Tod zweier Flughunde durch Atembeschwerden; nur einer zeigte zuvor neurologische Symptome. Der Infektionsweg ist unklar, vermutlich erfolgt die Übertragung über kontaminiertes Wasser.

5 Raubtiere

Im biologischen Sinn bezeichnet *Raubtier* die Säugerordnung Carnivora. Andere Fleischfresser wie Haie oder Krokodile sind keine Raubtiere. Die Ordnung umfasst rund 280 Arten in 128 Gattungen, die weltweit verbreitet sind und sich an verschiedenste Habitate, auch aquatische, angepasst haben. Charakteristisch ist ihr Leben als aktive Jäger von Wirbeltieren, wobei tatsächlich viele Arten opportunistische Allesfresser sind. Der Große Panda (*Ailuropoda melanoleuca*) ist fast ausschließlich Pflanzenfresser.

Die Carnivora werden in zwei Unterordnungen unterteilt:

- **Feliformia (Katzenartige)**: Katzen, Schleichkatzen, Hyänen sowie die Madagassischen Raubtiere (Eupleridae), darunter die Fossa.
- **Caniformia (Hundeartige)**: Hunde, Bären, Kleinbären, Marder, Stinktiere und Robben (Hundsrobben, Ohrenrobben, Walrösser), die eng mit Mardern verwandt sind.

Als große Beutegreifer können sich Raubtiere leicht mit *T. gondii* infizieren, entsprechend ist ihre Seroprävalenz hoch.

5.1 Katzen

Die Felidae umfassen bekannte Arten wie Löwen, Tiger, Luchse und Hauskatzen. Sie sind für *T. gondii* besonders relevant, da sie die Endwirte des Parasiten darstellen. Allerdings können sie auch als Zwischenwirte infiziert werden. Im

Y. Borkens, D. Tripp, *Die Biodiversität der Zwischenwirtspopulationen von* Toxoplasma gondii, essentials,
https://doi.org/10.1007/978-3-662-73440-7_5

Gegensatz zu anderen Raubtieren ernähren sich Katzen rein von Fleisch. Sie traten das erste Mal vor etwa 30 Mio. Jahre auf und finden sich heute auf allen Kontinenten, mit Ausnahme der Antarktis. Heute werden sie in zwei Unterfamilien eingeteilt:

- **Pantherinae (Großkatzen)**: *Panthera* (Tiger (*P. tigris*), Löwe (*P. leo*), Jaguar (*P. onca*), Leopard (*P. pardus*) und Schneeleopard (*P. uncia*)) und *Neofelis* (Nebelparder (*N. nebulosa*) und der Sunda-Nebelparder (*N. diardi*)).
- **Felinae (Kleinkatzen)**: Gepard (*Acinonyx jubatus*), Puma (*Puma concolor*), Luchse (*Lynx*), Karakals (*Caracal*) und die Echten Katzen (*Felis* mit der Hauskatze (*Felis catus*)). Im Gegensatz zu Großkatzen können Kleinkatzen miauen.

Die Seroprävalenz bei Katzen steigt mit dem Alter und hängt stark von der Lebensweise ab: Freilaufende Katzen und solche, die selbst jagen, sind häufiger infiziert als Wohnungskatzen. Auch die Fütterung spielt eine Rolle: Nassfutter und rohes Jagdfleisch erhöhen das Risiko. Eine Studie von 2007 zeigte, dass Fleisch, das vor der Verfütterung 7 Tage bei – 12 °C eingefroren wurde, keine Gewebezysten mehr enthielt. Prävalenzunterschiede bestehen zwischen Ländern, Regionen und sogar innerhalb einer Stadt. Bei Feliden in Gefangenschaft ist sie höher als bei freilebenden Tieren.

Infektionen verlaufen meist asymptomatisch. Gelegentlich tritt Durchfall auf. Bei immungeschwächten Katzen können schwere Symptome auftreten: Fieber, Husten, Atem- und Augenprobleme, Leberschäden und Lähmungen.

5.2 Hunde

Neben den Katzenartigen stellen die Hundeartigen (Caniformia) eine der beiden Stammlinien der Carnivora dar. Bekannt und relevant sind die Hunde (Canidae) mit dem Haushund (*Canis lupus familiaris*), eine Unterart des Wolfes. Dieser ist wahrscheinlich das wichtigste Haustier des Menschen und wurde bereits im Jungpaläolithikum domestiziert. Heute ist er extrem formenreich und weltweit verbreitet. Systematisch werden die Canidae in zwei Gruppen unterteilt:

- **Vulpini (Echte Füchse)**: Füchse (*Vulpes* und *Urocyon*) und Löffelhund (*Otocyon megalotis*).
- **Canini (Echte Hunde)**: u. a. Wölfe und Schakale (*Canis*), Afrikanischer Wildhund (*Lycaon pictus*), Rothund (*Cuon alpinus*) und Mähnenwolf (*Chrysocyon brachyurus*).

Hunde finden sich heutzutage auf allen Kontinenten. In Australien, Neuguinea, Neuseeland, Madagaskar und der Antarktis wurden sie allerdings durch den Menschen eingeschleppt. Das Verhalten der verschiedenen Arten ist sehr divers. Sie sind sozial und intelligent, ernähren sich überwiegend von Fleisch, aber auch von Pflanzen. Toxoplasmose bei wildlebenden Caniden ist gut dokumentiert und veterinärmedizinisch relevant, da die Symptome (Verdauungsprobleme, Fieber) denen der Tollwut ähneln. Infektionen treten häufiger bei immunsupprimierten Tieren auf. So begünstigen Infektionen mit dem Staupevirus (CDV) eine symptomatische Toxoplasmose. Eine CDV-Impfung schützt indirekt auch vor *T. gondii.*

Die Seroprävalenz schwankt stark: von 10–20 % bis zu 82 %. Risikofaktoren ähneln denen bei Katzen: Alter, Lebensweise (Freigang vs. Haus), Fütterung und Rasse. Jagdhunde sind besonders anfällig. Bei Wölfen spielt die Nähe zu menschlichen Siedlungen eine Rolle. Weitere Forschung ist nötig.

5.3 Bären

Die Bären (Ursidae) sind eine Gruppe der Hundeartigen und zählen zu den größten Landraubtieren. Sie sind massig gebaut, kommen in Eurasien und Amerika vor und bewohnen vielfältige Lebensräume. Bären sind Einzelgänger, können gut klettern, bis zu 50 km/h schnell laufen und halten Winterschlaf. Eisbären sind an eine aquatische Lebensweise angepasst. Sämtliche Bären sind Allesfresser, wobei die Ernährungspanne vom vegetarischen Großen Panda bis zum Eisbären als reinen Fleischfresser reicht.

Systematisch umfasst die Familie drei Unterfamilien mit fünf Gattungen und acht Arten[1]:

- ***Ursus* (Eigentliche Bären)**: Schwarzbär (*U. americanus*), Braunbär (*U. arctos*, inkl. Grizzly und Kodiak), Eisbär (*U. maritimus*) und Kragenbär (*U. thibetanus*).
- ***Melursus ursinus* (Lippenbär)**: Es werden die Unterarten *M. ursinus ursinus* und *M. ursinus inornatus* unterschieden.
- ***Helarctos malayanus* (Malaienbär)**: Es werden die Unterarten *H. malayanus malayanus* und *H. malayanus eurypsilus* unterschieden.
- ***Tremarctos ornatus* (Brillenbär)**.

[1] Die Kleinbären (Procyonidae) wie Waschbären (*Procyon*), Nasenbären (*Nasua*) und die kleinen Pandas (*Ailurus*) werden nicht zu den Bären, sondern zu den Marderverwandten (Musteloidea) gezählt.

- ***Ailuropoda melanoleuca* (Großer Panda)**: Es werden die Unterarten *A. melanoleuca melanoleuca* und *A. melanoleuca qinlingensis* unterschieden.

T. gondii wurde in Schwarz-, Braun- und Eisbären sowie Großen und Roten Pandas nachgewiesen. Die Seroprävalenz ist teils sehr hoch, beim Schwarzbären bis zu 80 %. Einflussfaktoren sind Alter, Geschlecht und Region: Schwarzbären im Osten der USA sind häufiger infiziert als im Westen; Männchen häufiger als Weibchen. Symptome sind selten und unspezifisch (Verwirrtheit, Übelkeit, Husten, Fieber, Lethargie, Koordinationsstörungen, Atemprobleme, gastrointestinale Beschwerden, Muskelschwächen und Entzündungen). Kongenitale Übertragung ist selten. Tödliche Verläufe sind ebenfalls möglich, allerdings selten.

5.4 Hyänen

Hyänen sind Raubtiere Afrikas und gehören zu den Katzenartigen (Feliformia). Sie sind eng mit Mangusten und Madagassischen Raubtieren verwandt. Trotz ihres schlechten Rufs sind Hyänen soziale und intelligente Tiere. Sie leben in weiblich dominierten Clans mit bis zu 80 Tieren, die monarchisch organisiert sind. Der Status der Matriarchin wird durch das Geburtsrecht an die weiblichen Nachkommen weitergegeben. Diese Sozialstruktur ist für Raubtiere einzigartig und erinnert eher an Primaten.

Die Familie umfasst zwei Unterfamilien:

- **Hyaeninae (Eigentliche Hyänen)**: Tüpfelhyäne (*Crocuta crocuta*), Streifenhyäne (*Hyaena hyaena*), Schabrackenhyäne (*Parahyaena brunnea*).
- **Protelinae (Erdwölfe)**: einziger Vertreter ist der Erdwolf (*Proteles cristata*) welcher sich auf Termiten als Nahrung spezialisiert hat.

Hyänen zeigen unterschiedliche Ernährungsweisen: Streifen- und Schabrackenhyänen sind Aasfresser, die jedoch ihre Ernährung mit pflanzlicher Nahrung gelegentlich ergänzen. Tüpfelhyänen wiederum sind aktive Jäger. Innerhalb der Carnivora ist die Ernährung der Erdwölfe einzigartig: Diese haben sich auf Termiten spezialisiert. Alle Hyänen sind primär nachtaktiv. Lediglich die Tüpfelhyänen gehen selten in der Dämmerung und am Tag auf Nahrungssuche.

T. gondii wurde auch bei Hyänen nachgewiesen, die Literatur ist jedoch spärlich. Gut dokumentiert ist das Verhalten infizierter Hyänen gegenüber Löwen: Infizierte Tiere verhalten sich riskanter und werden häufiger getötet, wodurch Löwen den Parasiten aufnehmen. Somit kann *T. gondii* den Löwen als Endwirt infizieren.

Aquatische Säugetiere 6

Meeressäuger sind bei dem Thema dieses Werkes besonders interessant. Auch heute ist nicht sicher geklärt, wie sich diese Tiere mit *T. gondii* infizieren können. Immerhin ist ihr Kontakt zu Katzen maximal minimal. Des Weiteren ernähren sich viele Arten entweder pflanzlich oder von kaltblütigen Tieren, in denen der Parasit sich nicht vermehren kann. Als wahrscheinlich Erklärung gilt heute die These, das Oozysten über Süßwasserabflüsse oder Schneeschmelzen ins Meer gelangen und dort von den Tieren geschluckt werden.

Der Begriff *Meeressäuger* umfasst alle an das Wasser angepassten Säuger, darunter Wale und Delfine, Robben und Walrösser, Seekühe, Eisbären und Seeotter; unabhängig von ihrer tatsächlichen Verwandtschaft. Alle Meeressäuger sind sekundäre Meeresbewohner, die sich aus Landtieren entwickelten. Ihr Verhalten und ihre Ernährung sind sehr vielfältig.

6.1 Wale und Delfine

Wale sind perfekt an das Leben im Wasser angepasst: stromlinienförmig, mit Flossen und ohne Atemreflex. Sie kommen weltweit vor und stellen einige Rekorde auf. So ist der Blauwal (*Balaenoptera musculus*) das größte Tier der Erde. Pottwale (*Physeter macrocephalus*) wiederum können bis zu 1000 m tief tauchen. Sämtliche Wale sind hochintelligent und sozial. So ist bei einigen Delfinarten die Benutzung von Werkzeugen dokumentiert. Orcas (*Orcinus orca*) jagen in komplexen Strategien und stellen die Spitzenprädatoren des ozeanischen Ökosystems dar. Systematisch werden Wale (Cetacea) in zwei Gruppen eingeteilt:

Y. Borkens, D. Tripp, *Die Biodiversität der Zwischenwirtspopulationen von* Toxoplasma gondii, essentials,
https://doi.org/10.1007/978-3-662-73440-7_6

- **Odontoceti (Zahnwale)**: zehn Familien, unter anderem Pottwale (Physeteridae) und Delfine (Delphinidae). Sie besitzen Zähne und jagend aktiv größere Beutetiere.
- **Mysticeti (Bartenwale)**: drei Familien (Balaenidae (Glattwale), Balaenopteridae (Furchenwale) und Cetotheriidae (mit dem Zwergglattwal (*Caperea marginata*) als einzigen rezenten Vertreter)). Sie besitzen statt Zähne Barten und filtern Plankton, vor allem Krill. Zu ihnen gehören die größten Tiere der Erdgeschichte.

Das Wissen über Toxoplasmose bei Walen ist begrenzt. PubMed listet nur wenige Studien,[1] meist zu Orcas und Belugas, basierend auf gestrandeten Tieren. Auffällig: Viele gestrandete Wale sind seropositiv, was auf eine mögliche Verhaltensbeeinflussung durch *T. gondii* hindeutet. Vergleichsdaten lebender Populationen fehlen, da zumeist nur tote Tiere verfügbar sind und eine Haltung in Zoos sowohl ethisch wie auch logistisch nicht möglich ist. Allerdings ist aufgrund des erschwerten Infektionswegs eine geringere Prävalenz als bei Landsäugern erwartbar. Forschung ist trotzdem dringend nötig, auch weil Walfleisch in einigen Regionen, etwa bei indigenen Arktis-Populationen, noch immer verzehrt wird.

6.2 Robben

Robben (Pinnipedia) sind Raubtiere, die hervorragend an das Wasserleben angepasst sind. Der Name *Pinnipedia* bedeutet *Flossenfüßer*. Früher den Landraubtieren gegenübergestellt, werden sie heute den Hundeartigen zugeordnet. Robben leben an fast allen Küsten, meist in gemäßigten und polaren Regionen, vereinzelt auch in den Tropen. Ausnahmen sind die Baikalrobbe (*Pusa sibirica*) und die Kaspische Robbe (*Pusa caspica*), die Binnengewässer bewohnen. Robben sind Fleischfresser. Meist fressen sie Fische, einige Arten sind jedoch auf andere Nahrungsquellen spezialisiert: Walrosse (*Odobenus rosmarus*) fressen Muscheln und Schnecken, Krabbenfresser (*Lobodon carcinophaga*) Krill, See-Elefanten (*Mirounga*) Tintenfische und Seeleoparden (*Hydruga leptonyx*) Pinguine. Systematisch werden Robben in drei Familien mit insgesamt 34 rezenten Arten eingeteilt:

- **Phocidae (Hundsrobben)** mit 18 Arten.
- **Otariidae (Ohrenrobben)** mit 15 Arten.
- **Odobenidae (Walrosse)** mit dem Walross als einzigen rezenten Vertreter.

[1] Stand September 2025.

Robben sind besonders anfällig für Toxoplasmose, die bei ihnen oft schnell und tödlich verläuft. Für die Hawaii-Mönchsrobbe (*Neomonachus schauinslandi*), eine vom Aussterben bedrohte Art, stellt *T. gondii* eine ernste Gefahr dar. Infektionen können auch ohne Symptome tödlich enden. Wenn Symptome auftreten, umfassen sie Übelkeit, Erbrechen, Atemnot und neurologische Störungen; der Tod erfolgt häufig durch Organversagen. Schutzmaßnahmen sind entscheidend: In Hawaii gibt es Kampagnen für Katzenhalter und Sterilisationsprogramme, um streunende Katzenpopulationen zu reduzieren. Schätzungen gehen von bis zu 500.000 Katzen auf Maui, 350.000 auf Oahu und 1.000.000 auf Big Island aus; eine erhebliche Bedrohung für Robben und andere Wildtiere.

6.3 Seeotter

Seeotter, auch Meerotter genannt, gehören zur Unterfamilie der Otter (Lutrinae) und werden auch als Wassermarder bezeichnet. Sie sind weltweit verbreitet (außer Australien) und stark ans Wasser angepasst, mit Schwimmhäuten und dichtem Fell. Als Raubtiere fressen sie Fische, Amphibien, Krabben und Wirbellose. Die Unterfamilie der Otter umfasst sieben Gattungen mit 15 Arten:

- ***Aonyx* (Fingerotter)** mit drei Arten aus Afrika und Asien.
- ***Enhydra lutris* (Seeotter)** als einzige Art der Gattung Enhydra. Diese Art ist am besten an ein Leben im Meer angepasst.
- ***Hydrictis maculicollis* (Fleckenhalsotter)**.
- ***Lontra* (Neuweltotter)** mit fünf Arten aus Amerika.
- ***Lutra* (Altweltotter)** mit drei Arten aus Europa.
- ***Lutrogale perspicillata* (Indische Fischotter)** als einzige Art der Gattung Lutrogale.
- ***Pteronura brasiliensis* (Riesenotter)** als einzige Art der Gattung Pteronura aus Südamerika.

Die Seroprävalenz von *T. gondii* bei Seeottern ist hoch (47–100 %) und variiert je nach Region (in Kalifornien höher als in Washington),[2] Status (lebend oder tot) und Testmethode. Obduktionen zeigen häufig schwere Nervenschädigungen, insbesondere Protozoen-Enzephalitiden. Dabei tritt oft eine Koinfektion mit *Sarcocystis neurona* auf, die aggressivere Verläufe verursacht. Symptome sind ähnlich: Lethargie, Schwäche, Krampfanfälle, Koordinationsprobleme, Fieber und Atemnot. Zu-

[2] Es gibt drei getrennte Populationen vor Kalifornien, Washington und Alaska.

sätzlich können Steatitis (Fettgewebsentzündung) und Missbildungen des Gehirns auftreten. Auffällig ist, dass viele von Haien getötete Otter positiv auf *T. gondii* getestet wurden; vermutlich verhalten sich infizierte Tiere risikofreudiger, was ja auch bei anderen Tieren beobachtet wurde.

Beuteltiere 7

Beuteltiere (Marsupialia) unterscheiden sich von Plazentatieren (Eutheria) dadurch, dass ihre Jungtiere in einem frühen Entwicklungsstadium geboren werden und in einem Beutel (Marsupium) heranwachsen. Beide Gruppen gehören zum Taxon Theria, das den eierlegenden Protheria gegenübersteht. Beuteltiere entwickelten sich früh; der älteste bekannte Vertreter ist *Sinodelphys szalayi* (vor 125 Mio. Jahren in China). Von Asien aus breiteten sie sich weltweit aus. Fossilien belegen ihr Vorkommen auf beiden Hemisphären. Heute leben sie in Südamerika, Nordamerika (nur das Nordopossum (*Didelphis virginiana*)), Asien und vor allem Australien. Die australische Fauna stammt genetisch von südamerikanischen Vorfahren ab, die vor etwa 50 Mio. Jahren einwanderten.

Beuteltiere sind sehr divers und besetzen oft ökologische Nischen, die anderswo von Plazentatieren belegt werden. Es gibt kleine Arten, die Nagetieren ähneln, und große Vertreter wie das Rote Riesenkänguru (*Macropus rufus*), das größte lebende Beuteltier in West- und Zentralaustralien. Evolutionär stammen sie von Pflanzenfressern ab, einige entwickelten sich zurück zu Fleischfressern. Historisch gab es deutlich ungewöhnlichere Arten wie die Beuteltapire (Palorchestes) und die Beutellöwen (Thylacoleonidae).

7.1 Austroasiatische Beuteltiere

Im Allgemeinen sind austroasiatische Beuteltiere sehr anfällig für eine *T. gondii*-Infektion. Es gibt zahlreiche Berichte über Todesfälle von Beuteltieren aus Zoos und der freien Wildbahn. Die Infektion hängt auch bei Beuteltieren von einigen

Y. Borkens, D. Tripp, *Die Biodiversität der Zwischenwirtspopulationen von* Toxoplasma gondii, essentials,
https://doi.org/10.1007/978-3-662-73440-7_7

Faktoren ab, welche in verschiedenen Publikationen diskutiert und bewertet wurden. Wichtige Faktoren sind zum Beispiel das Geschlecht, das Alter, die Fressgewohnheiten und der Lebensraum (Unterscheidung zwischen Metropolen/Wildnis und Festland/Inseln). Kongenitale Übertragung bei Kängurus ist dokumentiert. Die Erforschung der verschiedenen Parasiten bei Beuteltieren ist ein relevanter Teil der veterinärmedizinischen Forschung in Australien. *T. gondii* wurde in Australien unter anderem in Wombats (Vombatidae) und Koalas (Phascolarctidae), in verschiedenen Raubbeutlern (Dasyuridae) und natürlich in Kängurus beschrieben. Eine Studie von Obendorf und Kollegen beschrieb 1996 eine tödliche Toxoplasmose bei Tasmanischen Langnasenbeutlern (*Perameles gunnii*). Die untersuchten Tiere wiesen Anzeichen von Koordinationsstörungen, offensichtlicher Blindheit und instabilen Gang auf. Zu den organischen Läsionen zählten Myokarditiden und Enzephalitiden. Sieben Tiere, die histologisch untersucht wurden, zeigten verdächtige Reaktionen ohne finale positive Diagnose. Zehn wurden positiv getestet. Allgemein stellt die Toxoplasmose eine relevante Gefahr für das Wildleben Australiens dar. Darüber hinaus besteht auch für Menschen die Gefahr, sich über diese Tiere mit *T. gondii* zu infizieren. Eine besondere Rolle nehmen hier Kängurus ein.

7.2 Kängurus und Wallabys

Kängurus (Macropodidae) sind die bekanntesten australischen Beuteltiere und Wappentiere des Landes. Sie kommen in ganz Australien vor und werden grob in große Kängurus und kleinere Wallabys unterteilt. Charakteristisch sind ihre großen Füße (Macropodidae = Großer Fuß) und ihre springende Fortbewegung. In Neuguinea leben Baumkängurus (*Dendrolagus*), die an eine arboreale Lebensweise angepasst sind. Sie leben in höhergelegenen Regenwäldern, sind geschickte Kletterer und primär nachtaktiv.

Kängurus sind herbivor und ernähren sich von Gras, Blättern, Knospen und Früchten. Sie benötigen wenig Wasser und überleben auch in trockenen Regionen. Infektionen mit *T. gondii* erfolgen vermutlich über kontaminiertes Pflanzenmaterial. Studien zeigen: Weibchen sind häufiger infiziert als Männchen, vermutlich wegen unterschiedlicher Futterpräferenzen. Auch der Lebensraum beeinflusst die Prävalenz; Inselpopulationen sind stärker betroffen. Auf der anderen Seite wurde in Tieren, die auf der Straße von Autos überfahren wurden, keine erhöhte Prävalenz des Parasiten nachgewiesen. Dies steht im Gegensatz zu den Daten von anderen Tiergruppen, bei denen so genannte *Roadkills* durchaus eine höhere Seroprävalenz aufweisen als Tiere, die anders zu Tode gekommen sind. Kongenitale Übertragung ist nachgewiesen.

Ein wichtiges veterinärmedizinisches Register ist das *Australian Registry of Wildlife Health*, gegründet 1985 von Dr. William Hartley. Es dokumentiert Todesursachen australischer Wildtiere, darunter Infektionen. Heute gilt es als bedeutende Referenz in der veterinärmedizinischen Forschung, sowohl in Australien wie auch international.[1] Eine Studie aus dem Jahr 1990 von Canfield et al., die auch diesem Register vorgelegt wurde, untersuchte histologische Schnitte von 43 Makropoden sowie weiteren Beuteltieren: *T. gondii* wurde in 4 Makropoden (9,3 %), 2 Koalas (100 %), 2 Raubbeutlern (13,33 %), einem Wombat (50 %) und einem Opossum (16,67 %) nachgewiesen. Hillman et al. 2015 ergänzten diese Daten 2015 in einer Review mit Fokus auf Naturschutz.

Kängurus werden in Australien zur Populationskontrolle gejagt. Das erbeutete Fleisch wird sowohl von Menschen konsumiert wie auch für die Tierfutterproduktion verwendet. Teilweise wird es auch direkt frisch an Haustiere verfüttert, gerade von Jägern. Dies kann gerade für Hauskatzen gefährlich werden. Als Endwirte verbreiten sie den Parasiten weiter, der wiederum neue Kängurus befällt; ein Teufelskreis, der eine deutliche Gefahr für die Umwelt darstellt. Trotz staatlicher Maßnahmen ist das Screening von Kängurufleisch für Mensch und Tier unzureichend. Außerdem werden lediglich wildlebende Tiere bejagt, eine Zucht in Gefangenschaft findet nicht statt. Die Regelungen für die Kängurujagd sind in den *National Codes for Practice for the Humane Shooting of Kangaroos and Wallabies for* [...] reglementiert.[2]

Zur Behandlung von Toxoplasmose bei Makropoden hat sich Atovaquon bewährt, ein Hydroxy-Naphthochinon-Derivat, das gegen *Plasmodium*, *T. gondii* und *Pneumocystis jirovecii* wirkt. Makropoden benötigen jedoch etwa die zehnfache Dosis im Vergleich zum Menschen (mg/kg). Zumindest Wallabys vertragen das Medikament gut.

---

[1] Das Register kann auf der Website des Taronga Zoos oder über eine gezielte Google-Suche gefunden werden.

https://taronga.org.au/conservation-and-science/australian-registry-of-wildlife-health.
https://arwh.org.

[2] *Die National Codes for Practice for the Humane Shooting of Kangaroos and Wallabies for* [...] existieren in zwei verschiedenen Ausführungen (*Commercial Purposes* and *Non-Commercial Purposes*), werden regelmäßig aktualisiert und können online frei eingesehen werden. Interessierte können sie leicht über eine Suchmaschine finden.

Commercial Purpose: https://cdn.environment.sa.gov.au/environment/docs/code-of-practice-commercial-kangaroos-2020.pdf.

Non-Commercial Purpose: https://cdn.environment.sa.gov.au/environment/docs/code-of-practice-kangaroos-wallabies-non-commercial.pdf.

7.3 Koalas

Im Gegensatz zu den anderen Arten, ist die Situation bei Koalas (*Phascolarctos cinereus*) komplizierter. Der Koala ist der einzige Vertreter der Familie Phascolarctidae. Der nächste lebende Verwandte ist wahrscheinlich der Wombat. Koalas sind auf eine baumbewohnende Lebensweise angepasst und ernähren sich von Blättern. Sie können in Ost- und Südaustralien gefunden werden. Neben dem Känguru ist der Koala das wichtigste Symbol Australiens. An sich weisen Koalas ein sehr schlechtes Immunsystem auf. Aus diesem Grund sind sie sehr anfällig für eine ganze Reihe an Krankheiten. Diese umfassen nicht nur Infektionskrankheiten, sondern auch Geschwüre, Krebs und Muskelschwund. Koalas leiden oft an Zeckenbefall und ein Großteil der Population ist mit Chlamydien infiziert. Nun könnte angenommen werden, dass aus diesem Grund auch *T. gondii* ein relevanter Parasit der Koalas ist. Tatsächlich widersprechen aber einige Studien dieser Annahme. Zwar gibt es Berichte von *T. gondii*-Infektionen in Zoos, andere Wissenschaftler und Veterinäre bescheinigen Koalas aber eine gewisse Resistenz gegenüber Toxoplasmen. Der Grund für diese Resistenz ist jedoch unklar. Als mögliche Gründe wurden die Geografie, der Lebensraum oder die Ernährung genannt. Dies sind allerdings nur Vermutungen.

Kloaken- und Nebengelenktiere

8

Sowohl die Kloaken- wie auch die Nebengelenktiere gehören wohl zu den spektakulärsten und interessantesten Säugetieren. So sind die Kloakentiere (Monotremata) bekannt dafür, Eier zu legen. Die Nebengelenktiere (Xenarthra) wiederum sind eine sehr formenreiche Gruppe, zu denen Gürteltiere, Ameisenbären und die Faultiere gehören. Kloaken- und Nebengelenktiere besitzen selbst keine nennenswerte nahe Verwandtschaft. Der Grund, warum diese beiden Ordnungen (bzw. Überordnung im Falle der Xenarthra) hier zusammengefasst werden ist eher ein literarischer bzw. logistischer und weniger ein biologischer. Wahrscheinlich könnte noch aufgeführt werden, dass beide Ordnungen als recht basal angesehen werden. Allerdings scheinen neuere Studien und Untersuchungen an diesem Standpunkt zu rütteln.

8.1 Kloakentiere

Kloakentiere besitzen einige einzigartige Merkmale: Sie haben eine Kloake, in der Ausgänge von Verdauungs-, Exkretions- und Geschlechtsorganen zusammenlaufen (bei höheren Säugetieren nur embryonal angelegt; Einige wenige Säuger wie zum Beispiel Biber bilden allerdings eine sogenannte Sekundäre Kloake aus). Anders als Plazentatiere und Beuteltiere legen Monotremata Eier. Diese sind klein, rund, pergamentartig und erinnern an Reptilieneier. Ameisenigel legen ein Ei, Schnabeltiere bis zu drei. Trotz Eiablage besitzen sie einen Uterus, der in die

Y. Borkens, D. Tripp, *Die Biodiversität der Zwischenwirtspopulationen von* Toxoplasma gondii, essentials,
https://doi.org/10.1007/978-3-662-73440-7_8

Kloake mündet.[1] Eine weitere Besonderheit ist das Fehlen von Zitzen: Die Milch wird über ein Milchfeld abgesondert und von den Jungtieren abgeleckt.

Die Monotremata werden in zwei Familien unterteilt:

- **Tachyglossidae (Ameisenigel)** mit den Kurzschnabeligeln (mit *Tachyglossus aculeatus* als einzige Art) und den Langschnabeligeln (*Zaglossus bartoni*, *Zaglossus attenboroughi* und *Zaglossus brujini*).
- **Ornithorhynchidae (Schnabeltiere)** mit dem Schnabeltier (*Ornithorhynchus anatinus*) als einzigen Vertreter.

Alle heutigen Arten leben in Australien, Fossilien belegen jedoch eine frühere Verbreitung in Südamerika und der Antarktis. Ihre heutige Verbreitung ist in Abb. 8.1 dargestellt.

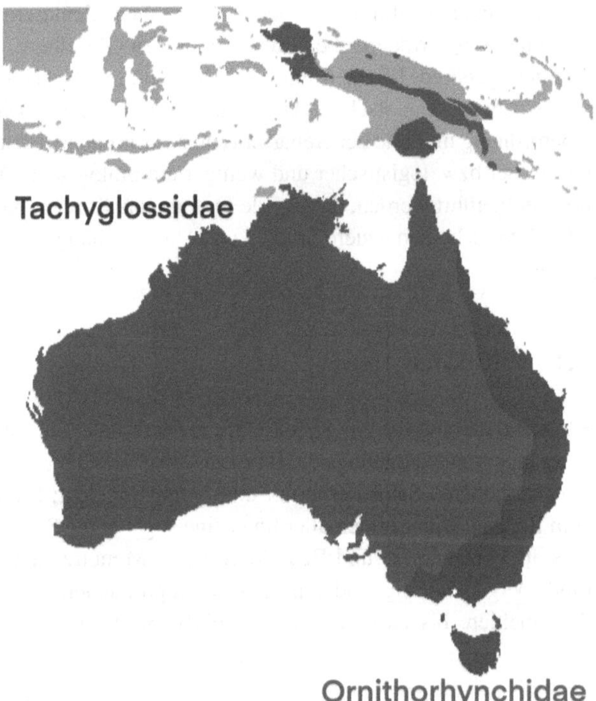

Abb. 8.1 Verbreitungsgebiet der Monotremata

[1] Genaugenommen haben Kloakentiere zwei Uteri. Die Ovarien werden paarig angelegt. Über die Tuben sind diese mit jeweils einen Uterus verbunden. Diese münden dann über den Urogenitalkanal in die Kloake. Bei Schnabeltieren ist das rechte Ovar rückgebildet und nicht funktional. Lediglich das linke Ovar funktioniert. Dieses Merkmal teilen Schnabeltiere mit den Vögeln.

Veterinärmedizinische Literatur zu den Monotremata ist selten, auch zu *Toxoplasma gondii*. McOrist und Smales beschrieben 1986 eine tödliche Toxoplasmose bei 2 von 55 freilebenden (3,64 %) und 2 von 10 in Gefangenschaft lebenden Kurzschnabeligeln (20 %) in Victoria. McColl berichtete bereits 1983 über chronische Myokarditiden durch *T. gondii* bei 5 von 20 Schnabeltieren (25 %) in Gefangenschaft. Munday et al. veröffentlichten später einen umfassenden Bericht zu Krankheiten beim Schnabeltier. Zumindest Ameisenigel scheinen anfällig für Toxoplasmose zu sein.

8.2 Nebengelenktiere

Nebengelenktiere (Xenarthra) gehören zu den Höheren Säugetieren. Sie besitzen getrennte Ausgänge, Zitzen und gebären ihre Jungen vivipar. Charakteristisch sind zusätzliche Gelenkflächen an den Brust- und Lendenwirbeln – die xenarthrischen Gelenke. Ihr Gebiss ist einfach und homodont, Schneide- und Eckzähne fehlen (Bei Ameisenbären fehlen Zähne komplett). Trotz dieser Gemeinsamkeiten ist die Gruppe sehr divers:

- **Dasypoda (Gürteltiere)**: 20 Arten in zwei Familien; Die Dasypodidae mit der einzigen Gattung *Dasypus* (Langnasengürteltiere, 7 Arten) sowie die Chlamyphoridae mit den übrigen Gattungen (13 Arten).
- **Vermilingua (Ameisenbären)**: Sieben Arten in der Gattung *Cyclopes* (Zwergameisenbären), zwei Arten in der Gattung *Tamandua* (*Tamandua tetradactyla* und *Tamandua mexicana*) und eine Art in der Gattung *Myrmecophaga* (*Myrmecophaga tridactyla*, der Große Ameisenbär).
- **Folivora (Faultiere)**: Sieben Arten in den Gattungen *Choloepus* (Zweifinger-Faultiere) und *Bradypus* (Dreifinger-Faultiere).

Sie kommen ausschließlich in den Amerikas vor, hauptsächlich in Südamerika; lediglich die Gürteltiere stoßen mit dem Neunbinden-Gürteltier bis ins südliche Nordamerika vor. Ihre heutige Verbreitung ist in Abb. 8.2 dargestellt.

Die Ernährung ist vielfältig: Faultiere sind baumbewohnende Blattfresser[2] (selten Früchte, Insekten und kleine Wirbeltiere). Aufgrund der wenigen Nährstoffe, die Blätter als Nahrung liefern, ist ihr Stoffwechsel deutlich reduziert und damit sehr langsam. Einen Großteil des Tages verbringen sie deshalb schlafend oder ruhend. Ameisenbären sind bodenlebend und spezialisierte Insektivoren, die fast ausschließlich Ameisen und Termiten fressen. Aus diesem Grund besitzen sie neben

[2] Ihr Name Folivora leitet sich vom lateinischen Folium ab.

Abb. 8.2 Verbreitungsgebiet der verschiedenen Ordnungen der Xenarthra

ihrer charakteristischen Schnauze auch große Krallen, mit denen sie Insektenbauten aufbrechen können. Teilweise wird diese Ernährung durch pflanzliche Kost wie Früchte ergänzt. Das breiteste Nahrungsspektrum besitzen Gürteltiere. Sie sind Bodenbewohner, die Insekten, Wirbeltiere wie Eidechsen und Mäuse sowie Aas verzehren. Das Graben könnte eine Infektionsquelle für *T. gondii* darstellen.

Die Literatur zu *T. gondii* bei Xenarthra ist begrenzt. Die wenigen Publikationen stammen meist aus Brasilien.[3]

[3] Stand September 2025.

2020 beschrieben Sant'Ana und Kollegen einen tödlichen Fall von Toxoplasmose bei einem Braunkehl-Faultier (*Bradypus variegatus*), das in Gefangenschaft gehalten wurde. Die klinischen Symptome wurden von den Autoren als unspezifisch beschrieben und umfassten Apathie, Erschöpfung, Dyspnoe und Appetitlosigkeit. Der Tod trat fünf Tage nach Auftreten der ersten klinischen Symptome ein. Eine Therapie mit Penicillin verlief erfolglos. Die folgende Obduktion zeigte Läsionen an der Leber, der Milz und der Lunge. Nekrosen und Zysten wurden ebenfalls gefunden. *T. gondii* wurde schließlich durch immunhistochemische Untersuchungen verschiedener Gewebeschnitte bestätigt. Nach Kenntnis der Autoren ist dieser Bericht der erste über Toxoplasmose bei *B. variegatus*. Jedoch wurde bereits 2001 ein Fall von akuter Toxoplasmose bei einem Weißkehl-Faultier (*B. tridactylus*), einem nahen Verwandten, beschrieben. Ein Bericht über Toxoplasmose bei einem Unau (*Choloepus didactylus*) wurde 1973 publiziert. Ebenfalls 2020 publizierten Dubey und Kollegen die erste Isolierung und Genotypisierung von *T. gondii* aus einem Großen Ameisenbären (*Myrmecophaga tridactyla*). In dieser Publikation konnten sie in 13 von 23 Tieren *T. gondii* nachweisen. Die Tiere stammten aus der nordwestlichen Region des States São Paulo in Brasilien. Verwendet wurde ein modifizierter Agglutination Test (MAT). Für die Genotypisierung wurde eine PCR-RFLP verwendet. Der Genotyp wurde als Type BrIII identifiziert. Laut den Autoren ist diese Publikation die erste Arbeit, die *T. gondii* bei *M. tridactyla* untersucht. Zwei Jahre später beschrieben Souza und Kollegen einen Ausbruch von Staupe bei drei Großen Ameisenbären. Im Laufe der Untersuchung stellte sich heraus, dass die Tiere auch an Koinfektionen litten, inklusive Toxoplasmose. Als Ursache der Staupeninfektion wurde ein Mähnenwolf (*Chrysocyon brachyurus*) identifiziert. Die einzige Publikation, die sich mit *T. gondii* bei Tamanduas (genauer gesagt *Tamandua tetradactyla*) beschäftigt, wurde 1986 publiziert. Erst 2021 publizierten Kluyber und Kollegen eine relevante Arbeit über die Toxoplasmose bei Gürteltieren. In dieser untersuchten sie die Prävalenz verschiedener Parasiten bei Gürteltieren in Brasilien. Insgesamt wurden 43 Tiere, die aus zwei verschiedenen Ökosysteme gefangen wurden (Cerrado und Pantanal), untersucht. Antikörper gegen *T. gondii* wurden in 13 von den 43 Tieren nachgewiesen. Andere relevante Parasiten waren zum Beispiel *Trypanosoma cruzi*, *Trypanosoma rangeli* und *Paracoccidiodes brasiliensis*. Ein Jahr früher untersuchten de Oliveira Barbosa und Kollegen 22 Sechsbinden-Gürteltiere (*Euphractus sexcinctus*) in Brasilien. *T. gondii* wurde in 2 dieser 33 Tiere nachgewiesen. da Silva und Kollegen verglichen 2008 mehrere verschiedene Gürteltierarten miteinander. Insgesamt wurden 31 Neunbinden-Gürteltiere (*Dasypus novemcinctus*), 3 Sechsbinden-Gürteltiere, 2

Große Nacktschwanzgürteltiere (*Cabassous tatouay*) und 2 Südliche Siebenbinden-Gürteltiere (*Dasypus hybdridus*) untersucht. Von diesen Tieren wiesen 4 Neunbinden-Gürteltiere eine positive Seroprävalenz auf. Auf die Beschreibung der Seroprävalenzen bei den übrigen Tieren verzichteten die Autoren. Gürteltiere werden gerade in ländlichen Gebieten bejagt und teilweise verzehrt. Aus diesem Grund ist die Erforschung von *T. gondii* bei Gürteltieren auch ein relevanter Aspekt für die Humanmedizin sowie die Verbindung dieser mit der Veterinärmedizin. Gürteltiere stellen durch diese Gefahr ein relevantes Public Health Risiko dar.

9 Primaten

Primaten sind für die Betrachtung von *T. gondii* besonders relevant – schließlich gehört auch der Mensch (*Homo sapiens*) zu dieser Gruppe. Sie sind eine Ordnung der Höheren Säugetiere, angepasst an eine arboricole Lebensweise, mit ausgeprägten Fähigkeiten zum Springen und Klettern. Ihr natürlicher Lebensraum sind die tropische Wälder Südamerikas, Afrikas und Asiens; Populationen außerhalb dieser Regionen sind vom Menschen eingeführt, etwa Berberaffen auf Gibraltar, Mantelpaviane auf der Arabischen Halbinsel oder Rhesusaffen in Florida. Der Mensch selbst hat sich weltweit verbreitet und sämtliche Habitate besiedelt. Der Begriff *Primat* stammt aus dem Lateinischen (*prīmās* = Erster, Rangältester) und verweist auf die historische Vorstellung vom Menschen als „Krone der Schöpfung". Primaten sind nicht gleich Affen. Letztere bilden lediglich eine Untergruppe. Die Ordnung umfasst auch Lemuren und Makis, früher als Halbaffen bezeichnet. Insgesamt umfassen die Primaten über 500 Arten.

Die moderne Systematik unterscheidet zwei Hauptgruppen:

- **Strepsirhini** oder **Strepsirrhini (Feuchtnasenprimaten)** mit den Lemuren (Lemuriformes) und den Loriartigen (Lorisiformes).
- **Haplorhini** oder **Haplorrhini (Trockennasenprimaten)** mit den Koboldmakis (Tarsiiformes) und Affen (Anthropoidea), zu denen auch der Mensch und alle seine nächsten Verwandten gehören.

Affen werden weiter in die **Altweltaffen (Catarrhini)** und die **Neuweltaffen (Platyrrhini)** unterteilt. Eine Einteilung, die sich auch geografisch widerspiegelt (Afrika/Asien vs. Amerika). Primaten zeigen komplexes Sozialverhalten und eine

Y. Borkens, D. Tripp, *Die Biodiversität der Zwischenwirtspopulationen von* Toxoplasma gondii, essentials,
https://doi.org/10.1007/978-3-662-73440-7_9

variable Ernährung: meist pflanzlich, ergänzt durch proteinreiche Kost wie Insekten. Einige Arten, etwa Schimpansen und Paviane, jagen kleinere Wirbeltiere. Anders als viele Wirbeltiere können Primaten kein Vitamin C synthetisieren und müssen es über die Nahrung aufnehmen.

Berichte zur Prävalenz von *T. gondii* bei wildlebenden Affen sind selten, weshalb auf Zoopopulationen zurückgegriffen werden muss. Hier ist die horizontale Übertragung innerhalb von Käfigen dokumentiert, was die Bedeutung von Hygiene unterstreicht.

Halbaffen und Lemuren, insbesondere Katta (*Lemur catta*), sind sehr anfällig für Toxoplasmose und können schwere Erkrankungen entwickeln; Todesfälle in Zoos sind bekannt. Die Symptome sind unspezifisch, häufig sind Appetitverlust und systemische Entzündungen. Des Weiteren wurde von plötzlichen Toden (*Sudden Death*) mehrfach berichtet. Eine Studie von 2007 fand bei etwa 6 % der untersuchten Katta Antikörper gegen *T. gondii*, während andere Arten wie Schwarzweiße Vari (*Varecia variegata*) und Blauaugenmaki (*Eulemur flavifrons*) antikörperfrei waren. Die Tiere stammten von St. Catherines Island (Georgia, USA), deren Lage in Abb. 9.1 dargestellt und die für ihre exotische Wildtierpopulation bekannt ist. Wie bei anderen Wildtieren steigt die Seroprävalenz vermutlich mit der Nähe zu menschlichen Siedlungen.

9.1 Altweltaffen

Die Altweltaffen (Catarrhini), auch Schmalnasenaffen genannt, leben in Afrika und Eurasien. Sie werden in zwei Gruppen unterteilt:

- **Cercopithecoidea (Geschwänzte Altweltaffen)**: einzige rezente Familie sind die Meerkatzenverwandten (Cercopithecidae) mit Backentaschenaffen (Cercopithecinae) und Schlank- bzw. Stummelaffen (Colobinae). Schlankaffen (Presbytini) leben in Asien, Stummelaffen (Colobini) in Afrika, Backentaschenaffen (Mit den Tribus Cercopithecini (Meerkatzenartige) und Papionini (Pavianartige)) in Subsahara-Afrika.
- **Hominidea (Menschenartige)**: Hylobatidae (Gibbons) mit 20 Arten (in vier Gattungen) aus Asien; Hominidae (Menschenaffen) mit acht Arten (in vier Gattungen) aus Afrika (Ponginae (Orang-Utans) aus Asien).

Altweltaffen sind für die Forschung zu *T. gondii* wichtig, da sie dem Menschen physiologisch ähneln. Bereits 1997 wurde gezeigt, dass die kongenitale Übertragung bei Rhesusaffen (*Macaca mulatta*) der beim Menschen gleicht; beide besitzen

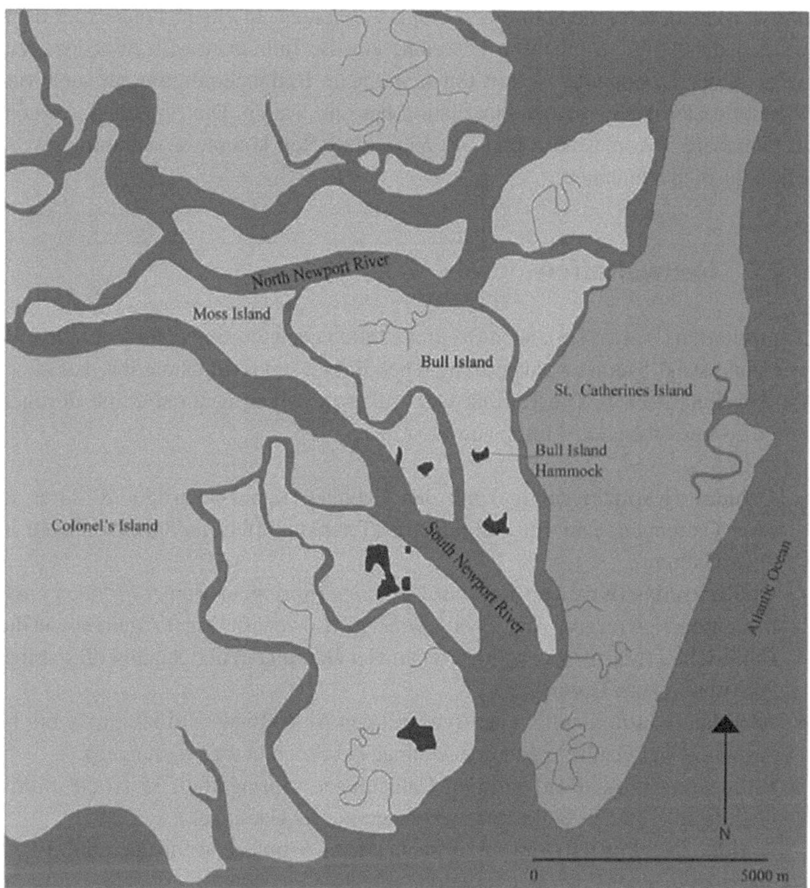

Abb. 9.1 St. Catherines Island und die dazugehörigen marsh islands. Back-barrier islands sind hellbraun und hammocks sind dunkelgrün dargestellt. (Abbildung aus Napolitano 2012)

eine hämochoriale Plazenta, bei der die Zellen der äußeren Schicht des Fötus (Trophoblast) direkten Kontakt mit dem mütterlichen Blut haben. Generell sind Altweltaffen relativ resistent gegenüber *T. gondii*; Symptome treten vor allem bei Jungtieren und immungeschwächten Individuen auf und sind meist grippeähnlich.

Besonders Javaneraffen (*Macaca fascicularis*) wurden für Studien zur okulären Toxoplasmose genutzt. Holland et al. injizierten 1988 sieben Affen 30.000 Tachyzoiten des Beverly-Stammes direkt ins Auge. Alle entwickelten retinochoroidale Läsionen, die innerhalb eines Monats abheilten. In einem Folgeexperiment wurden die Affen lymphatisch bestrahlt, um die Immunantwort zu reduzieren. Trotz dieser Lymphoiddepletion trat keine neue Retinochoroiditis auf; erst vier Monate später nach erneuter Inokulation bei fünf Tieren. Die Ergebnisse zeigen, dass okuläre Toxoplasmose und ihr Wiederauftreten komplexe immunologische Mechanismen beinhalten.

9.2 Neuweltaffen

Neuweltaffen (Platyrrhini), auch Breitnasenaffen genannt, sind kleiner als Altweltaffen und strikt baumbewohnend. Sie leben in Süd- und Mittelamerika, vor allem im Amazonasbecken. Die Karibik war früher besiedelt, heute sind die dortigen Arten ausgestorben. Die Gruppe umfasst u. a.:

- **Cebidae (Kapuzinerartige)** mit den Cebinae (Kapuzinerartige, 20 Arten in zwei Gattungen) und den Saimiriinae (Totenkopfaffen, unklare Artanzahl in einer Gattung).
- **Callitrichidae (Krallenaffen)** mit *Callimico* (Springtamarine, *Callimico goeldrii* als einzige rezente Art), *Leontopithecus* (Löwenäffchen, 4 Arten) sowie die Callitrichini (Marmosetten, 20 Arten in vier Gattungen) und Saguini (Tamarine, 24 Arten in zwei Gattungen).
- **Atelidae (Klammerschwanzaffen)** mit den Alouattinae (Brüllaffen, 11 bis 14 Arten in einer Gattung) und den Atelinae (11 Arten in drei Gattungen).
- **Pitheciidae (Sakiaffen)** mit den Callicebinae (Springaffen, 35 Arten in drei Gattungen) und den Pitheciinae (29 Arten in drei Gattungen).
- **Aotidae (Nachtaffen)**, die einzig nachtaktiven Primaten, wahrscheinlich 10 bis 13 Arten in einer Gattung (*Aotus*).

Größere Arten ernähren sich zumeist vegetarisch, kleinere fressen auch Fleisch und Insekten.

Neuweltaffen sind extrem anfällig für Toxoplasmose. Besonders Totenkopfäffchen (*Saimiri*) können bereits nach oraler Aufnahme weniger *T. gondii* eine tödliche viszerale Toxoplasmose entwickeln. Trotzdem sind Symptome nicht immer gegeben und oft unspezifisch (Fieber, Anorexie, Lethargie, Übelkeit, Erbrechen, Durchfall). Schwerere Verläufe umfassen Lungenödeme, Pneumonie und Lebernekrosen. Häufig tritt plötzlicher Tod ohne vorherige Symptome auf. Die Ursache für diese hohe Anfälligkeit ist unklar, vermutlich fehlt eine evolutionäre Anpassung. Für Zoos stellt der Parasit ein erhebliches Risiko dar; Ausbrüche wurden weltweit dokumentiert (u. a. Frankreich, Mexiko, Israel). Hygienemaßnahmen, insbesondere Futterhygiene, sind entscheidend, werden aber oft unzureichend umgesetzt.

Neu ist eine intranasale Impfung für Totenkopfäffchen, die vielversprechende Ergebnisse zeigt und künftig in Zoos eingesetzt werden soll. Diese Entwicklung könnte auch die Forschung an einer allgemeinen *T. gondii*-Impfung voranbringen.

Vögel 10

Neben Säugern sind Vögel die einzigen weiteren Wirte für *T. gondii*. Wie Säugetiere sind sie warmblütig und extrem artenreich, mit großer ökologischer und verhaltensmäßiger Vielfalt. Sie besetzen zahlreiche Nischen und ernähren sich unterschiedlich. Die Entwicklung des Fluges macht sie zu wichtigen Krankheitsüberträgern, da sie Pathogene über große Distanzen verbreiten können. Viele für den Menschen relevante Krankheiten, wie das Influenzavirus (aus Seevögeln), stammen ursprünglich aus Vogelarten. Auch zahlreiche Parasiten finden sich in Vögeln. *T. gondii*-ähnliche Infektionen wurden bereits Anfang des 20. Jahrhunderts beschrieben. Diese werden heute allerdings meist anderen hämatologischen Parasiten zugeordnet. Vögel spielen als Wirte für *T. gondii* eine bedeutende Rolle, werden aber in der Literatur oft vernachlässigt. Studien zeigen eine steigende Prävalenz, besonders bei Raubvögeln, wenig überraschend aufgrund ihrer karnivoren Ernährung. Auch Zuchtvögel wie Truthähne weisen hohe Prävalenzen auf. Kongenitale Übertragung ist selten, aber dokumentiert.

10.1 Geflügel

Geflügel umfasst alle von Menschen gehaltenen und verzehrten Vögel. Zumeist:

- **Phasianidae (Fasanenartige)** mit den Hühnern (*Gallus*) und Truthühner (*Meleagris*).
- **Numididae (Perlhühner)** in Afrika.
- **Anatidae (Entenvögeln)** mit den Gänsen (*Anser*) und Enten (*Anas*).

Y. Borkens, D. Tripp, *Die Biodiversität der Zwischenwirtspopulationen von* Toxoplasma gondii, essentials,
https://doi.org/10.1007/978-3-662-73440-7_10

- Teilweise **Columbidae (Tauben)**.
- Teilweise exotische Tiere wie **Sruthionidae (Strauße)**.

Das Haushuhn (*Gallus gallus domesticus*), domestizierte Form des asiatischen Bankivahuhns (*Gallus gallus*), ist weltweit verbreitet. *T. gondii* wurde bei ihnen weltweit, mit stark schwankenden Prävalenzwerten (2–100 %), abhängig von Land, Herkunft, Alter und Haltung, nachgewiesen. Freilandhaltung erhöht das Risiko, da Tiere im Freien leichter mit Oozysten in Kontakt kommen. Hühner sind omnivor: Neben Samen und Pflanzen fressen sie auch kleine Tiere wie Eidechsen oder Mäuse, welche oft infiziert sind. Klinische Toxoplasmose ist dennoch selten; Symptome sind unspezifisch (Lethargie, Appetitverlust, Durchfall). Da *T. gondii* bei Hühnern meist den Verdauungstrakt befällt, sind gastrointestinale Symptome typisch und helfen, die Infektion von zum Beispiel Mykoplasmen zu unterscheiden. Letztere sorgt für ähnliche Symptome, befällt aber primär die Atemwege. Die Diagnose sollte labortechnisch gesichert werden. Eine Diagnose erfolgt labortechnisch; eine kosteneffektive Therapie fehlt, daher ist Prophylaxe entscheidend: Katzen fernhalten und Stallhygiene sicherstellen.

Auch Gänse sind wichtige Geflügelarten. Hausgänse stammen von der Graugans (*Anser anser*) ab. Seltener sind Höckergänse, welche ihren Ursprung in der zentralasiatischen Schwanengans (*A. cygnoides*) haben. Toxoplasmose bei Gänsen ähnelt der bei Hühnern, jedoch sind Atemwege und Nervensystem häufiger betroffen. Auch bei Gänsen sind jene Tiere, die im Freiland gehalten werden anfälliger als jene, die in Ställen gehalten werden. Eine Studie von 2002 beschreibt zwei (Männchen und Weibchen) hawaiianische Gänseküken (*Nesochen sandvicensis*) mit ödematöser, konsolidierter Lunge. Beim Weibchen wurden zusätzlich schwere interstitielle Pneumonie und Gehirnnekrosen beschrieben. Infektionsquelle war vermutlich kontaminiertes Futter. Gänse ernähren sich vegetarisch von Gräsern, Kräutern und Wurzeln. Meist grasen sie in Ufernähe. Da keine Behandlung existiert, ist auch bei ihnen Prophylaxe essenziell: Schutz vor Katzen und potenziellen Zwischenwirten wie Nagetieren.

Die Nähe zu Farmtieren und Katzen erhöht die Prävalenz nachweislich.

10.2 Wildvögel

Wildvögel stehen den Geflügelarten gegenüber. Besonders erwähnenswert sind Tauben (Columbidae), die bis auf die Polargebiete weltweit vorkommen. In Europa meist steingrau, anderswo farbenfroher, teils mit Kopfschmuck. Sie ernähren sich überwiegend pflanzlich, gelegentlich auch von kleinen Wirbellosen. Toxoplasmose ist bei Tauben gut dokumentiert; die Anfälligkeit variiert je nach Art. Schwere Fälle wurden bei Kropftauben, Ziertauben und auch bei Kakarikis aus Australien und Neuseeland beschrieben. Infektion erfolgt meist über kontaminiertes Futter. Symptome ähneln denen anderer Vögel, schwere Verläufe können Blindheit verursachen. Für Menschen sind Tauben als Infektionsquelle weniger relevant, für Katzen als Beutegreifer jedoch problematisch.

Die höchste Prävalenz zeigen Raubvögel,[1] was aufgrund ihrer fleischbasierten Ernährung wenig überrascht. Sie besitzen eine gewisse Resistenz, klinische Manifestationen sind selten. Wenn Symptome auftreten, sind sie unspezifisch: Koordinationsstörungen, Tremor, Atemprobleme, Lethargie, Anorexie und Blindheit wurden beobachtet. Eulen (Strigiformes) und Falken (eigentlich Falkenartige, Falconidae) weisen viele Antikörper auf. Geier (verschiedene Gattungen in verschiedenen Familien) im Vergleich deutlich weniger. Möglicherweise schützt letztere ihre extrem saure Magensäure vor Oozysten, was jedoch spekulativ bleibt.

Von allen Vogelarten zeigen Kanarienvögel (domestizierte Form des Kanariengirlitz (*Serinus canaria*)) die schwersten Krankheitsverläufe. Berichte stammen aus Uruguay, Australien, Italien, Neuseeland, den USA und dem Vereinigten Königreich. Erkrankte Tiere sind lethargisch, verlieren Gewicht, leiden an Durchfall, Atemproblemen und Ataxien. Auffällig sind abnorme Augen- und Kopfbewegungen, Blindheit ist häufig. Die Letalität ist hoch; überlebende Tiere behalten meist irreversible Augenschäden. Sulfadimethoxin oder Diaveridine können zur Behandlung eingesetzt werden, sind aber nicht etabliert.

Interessante Fälle stammen auch aus Hawaii. Die dort lebende Hawaiikrähe (*Corvus hawaiiensis*) ist eine stark gefährdete Art.[2] 2000 wurde *T. gondii* aus den Gehirnen von fünf Tieren isoliert; ein Vogel konnte erfolgreich mit Diclazuril (10 mg/kg), einem Antikokzidium, behandelt werden, die übrigen verstarben. Antikokzidien sind Arzneimittel, die gegen Kokzidiose eingesetzt werden. Diese Fälle zeigen noch einmal die Gefahr, die gerade für bedrohte Arten von *T. gondii* ausgehen kann. Weitere betroffene Arten sind Laufvögel (Struthioniformes, heute ver-

---

[1] Die *Rapaces* sind ein historisches Taxon, welches die bekannten Raubvögel Falconiformes (Falkenartige), Accipitriformes (Greifvögel) und Stringiformes (Eulen) zusammenfasste. Neue molekulare Analysen zeigten jedoch, dass die Raubvögel nicht näher miteinander verwandt sind. Vielmehr ist ihr ähnliches Erscheinungsbild das Produkt konvergenter Evolution. Am deutlichsten wird dies bei den Geiern (ehemals *Vultur*), deren ehemalige taxonomische Einordnung heute nicht mehr existent ist.

[2] Die Hawaiikrähe gilt als die gefährdetste Krähe der Welt.

altet) wie Strauße (*Struthio*) und Nandus (*Rhea*), tropische Vögel wie Tukane (Ramphastidae) und Papageien (eigentlich Papageienvögel, Psittaciformes) sowie Seevögel (kein wissenschaftliches Taxon, insgesamt werden 275 Vogelarten zu dieser Lebensweise gezählt).

Was Sie aus diesem *essential* mitnehmen können

- *Toxoplasma gondii* ist einer der relevantesten Parasiten, welcher eine Vielzahl von Lebewesen befällt.
- Bei vielen Tieren ist noch unklar, wie sie sich mit *T. gondii* infizieren. Aquatische Säugetiere wie Wale können hier als Beispiel genannt werden.
- Obwohl viele Infektionen asymptomatisch verlaufen, können in seltenen Fällen schwere Krankheiten entstehen, welche im schlimmsten Fall zum Tod führen.
- Nicht selten kommt es im Rahmen einer Infektion mit *T. gondii* zu Fehl- und Totgeburten.
- Die Maßnahmen geben *T. gondii* und die Toxoplasmose sind ein gutes Beispiel für das One Health Konzept, welches human- und veterinärmedizinische Aspekte mit dem Umweltschutz verbindet.

Y. Borkens, D. Tripp, *Die Biodiversität der Zwischenwirtspopulationen von* Toxoplasma gondii, essentials, https://doi.org/10.1007/978-3-662-73440-7

Literatur

Afonso, E., Thulliez, P., Pontier, D., & Gilot-Fromont, E. (2007). Toxoplasmosis in prey species and consequences for prevalence in feral cats: Not all prey species are equal. *Parasitology, 134*(Pt 14), 1963–1971.

Alexandre, M. P., de Souza, C. V., Mathias, L. D. S. F. R., Bernardo, R. N., Batista, V. O., Ullmann, L. S., Yogui, D. R., Alves, M. H., Kluyber, D., Caiaffa, M. G., Desbiez, A. L. J., Freire, R. L., Jurkevicz, R. M. B., Barros, L. D., & Galhardo, J. A. (2025). Seroprevalence of *Toxoplasma gondii* in Giant Anteaters (*Myrmecophaga tridactyla*) in Mato Grosso Do Sul, Brazil. *Journal of Wildlife Diseases, 61*(3), 719–725.

Almeida, A. B., Krindges, M. M., de Barros, L. D., Garcia, J. L., Camillo, G., Vogel, F. S., Araujo, D. N., Stefani, L. M., & da Silva, A. S. (2013). Occurrence of antibodies to *Toxoplasma gondii* in rheas (*Rhea americana*) and ostriches (*Struthio camelus*) from farms of different Brazilian regions. *Revista Brasileira de Parasitologia Veterinária, 22*(3), 437–439.

Almería, S., & Dubey, J. P. (2021). Foodborne transmission of *Toxoplasma gondii* infection in the last decade. An overview. *Research in Veterinary Science, 135*, 371–385.

Almería, S., Cabezón, O., Paniagua, J., Cano-Terriza, D., Jiménez-Ruiz, S., Arenas-Montes, A., Dubey, J. P., & García-Bocanegra, I. (2018). *Toxoplasma gondii* in sympatric domestic and wild ungulates in the Mediterranean ecosystem. *Parasitology Research, 117*(3), 665–671.

Almería, S., Murata, F. H. A., Cerqueira-Cézar, C. K., Kwok, O. C. H., Shipley, A., & Dubey, J. P. (2021). Epidemiological and Public Health significance of *Toxoplasma gondii* infection in wild rabbits and hares: 2010–2020. *Microorganisms, 9*(3), 597.

Arnaudov, D., Arnaudov, A., & Kirin, D. (2003). Study on toxoplasmosis among wild animals. *Experimental Pathology and Parasitology, 6*(11), 51–54.

Attias, M., Teixeira, D. E., Benchimol, M., Vommaro, R. C., Crepaldi, P. H., & De Souza, W. (2020). The life-cycle of *Toxoplasma gondii* reviewed using animations. *Parasites & Vectors, 13*, 588.

Y. Borkens, D. Tripp, *Die Biodiversität der Zwischenwirtspopulationen von* Toxoplasma gondii, essentials, https://doi.org/10.1007/978-3-662-73440-7

Atwood, T. C., Duncan, C., Patyk, K. A., Nol, P., Rhyan, J., McCollum, M., McKinney, M. A., Ramey, A. M., Cerqueira-Cézar, C. K., Kwok, O. C. H., Dubey, J. P., & Hennager, S. (2017). Environmental and behavioral changes may influence the exposure of an Arctic apex predator to pathogens and contaminants. *Scientific Reports, 7*(1), 13193.

auf der Straße, U. (2019). *Das Toxoplasmose Handbuch: Ein Parasit täuscht die Medizin und macht uns krank – die aktive Toxoplasmose erkennen und behandeln.* BoD – Books on Demand.

Bier, N. S., Stollberg, K., Mayer-Scholl, A., Johne, A., Nöckler, K., & Richter, M. (2020). Seroprevalence of *Toxoplasma gondii* in wild boar and deer in Brandenburg. *Germany. Zoonoses and Public Health, 67*(6), 601–606.

Borkens, Y. (2021). *Toxoplasma gondii* in Australian macropods (*Macropodidae*) and its implication to meat consumption. *International Journal for Parasitology: Parasites and Wildlife, 16*, 153–162.

Borkens, Y. (2021). *Toxoplasma gondii* – gegenwärtige Arzneimittel und zukünftige Impfstoffe gegen eine unterschätzte Protozoonose. *Der Internist, 62*(10), 1123–1132.

Borkens, Y. (2024). The history of Australia's feral camels. *Russian Journal of Biological Invasions, 15*(4), 679–686.

Borkens, Y. (2024). The history of Australia's feral camels. *Russian Journal of Biological Invasions, 17*(3), 240–242.

Borkens, Y., & Tripp, D. (2022). Doeltreffend vaccin tegen toxoplasmose nog niet in zicht. *Pharmaceutisch Weekblad, 157*(4), 18–21.

Canfield, P. J., Hartley, W. J., & Dubey, J. P. (1990). Lesions of toxoplasmosis in Australian marsupials. *Journal of Comparative Pathology, 103*(2), 159–167.

Castaño, P., Fuertes, M., Regidor-Cerrillo, J., Ferre, I., Fernández, M., Ferreras, M. C., Moreno-Gonzales, J., González-Lanza, C., Pereira-Bueno, J., Katzer, F., Ortega-Mora, L. M., Pérez, V., & Benavides, J. (2016). Experimental ovine toxoplasmosis: Influence of the gestational stage on the clinical course, lesion development and parasite distribution. *Veterinary Research, 47*, 43.

Dabritz, H.A., Miller, M.A., Gardner, I.A., Packham, A.E., Atwill, E.R., & Conrad, P.A. (2008). Risk factors for Toxoplasma gondii infection in wild rodents from central coastal California and a review of T . gondii prevalence in rodents. *The Journal of Parasitology , 94*(3), 675–683.

Denk, D., De Neck, S., Khaliq, S., & Stidworthy, M. F. (2022). Toxoplasmosis in zoo animals: A retrospective pathology review of 126 cases. *Animals, 12*(5), 619.

Di Guardo, G., & Mazzariol, S. (2018). Cetaceans, *Toxoplasma gondii* and tsunami. *The Veterinary Record, 183*(15), 477–478.

Dubey, J. P. (1986). A review of toxoplasmosis in cattle. *Veterinary Parasitology, 22*(3–4), 177–202.

Dubey, J. P. (2004). Toxoplasmosis – A waterborne zoonosis. *Veterinary Parasitology, 126*(1–2), 57–72.

Dubey, J. P. (2010). *Toxoplasmosis of animals and humans.* CRC Press.

Dubey, J. P., & Frenkel, J. K. (1998). Toxoplasmosis of rats: A review, with considerations of their value as an animal model and their possible role in epidemiology. *Veterinary Parasitology, 77*(1), 1–32.

Dubey, J. P., Velmurugan, G. V., Morales, J. A., Arguedas, R., & Su, C. (2009). Isolation of *Toxoplasma gondii* from the keel-billed toucan (*Ramphastos sulfuratus*) from Costa Rica. *The Journal of Parasitology, 95*(2), 467–468.

Dubey, J. P., Murata, F. H. A., Cerqueira-Cézar, C. K., Kwok, O. C. H., & Su, C. (2021). Epidemiologic and public health significance of *Toxoplasma gondii* infections in bears (*Ursus* spp.): A 50 year review including recent genetic evidence. *The Journal of Parasitology, 107*(3), 519–528.

Engeland, I. V., Waldeland, H., Andresen, Ø., Løken, T., Björkman, C., & Bjerkås, I. (1998). Foetal loss in dairy goats: An epidemiological study in 22 herds. *Small Ruminant Research, 30*(1), 37–48.

File, S., & Kessler, M. J. (1989). Parasites of free-ranging Cayo Santiago macaques after 46 years of isolation. *American Journal of Primatology, 18*(3), 231–236.

Flegr, J. (2013). How and why *Toxoplasma* makes us crazy. *Trends in Parasitology, 29*(4), 156–163.

Fredriksson-Ahomaa, M., London, L., Skrzypczak, T., Kantala, T., Laamanen, I., Biström, M., Maunula, L., & Gadd, T. (2020). Foodborne zoonoses common in hunted wild boars. *EcoHealth, 17*(4), 512–522.

Frischknecht, F. (2020). *Parasiten. Insekten, Würmer, Einzeller – verdrängte Plagegeister?* Springer Spektrum.

Gering, E., Laubach, Z. M., Weber, P. S. D., Hussey, G. S., Lehmann, K. D. S., Montgomery, T. M., Turner, J. W., Perng, W., Pioon, M. O., Holekamp, K. E., & Getty, T. (2021). *Toxoplasma gondii* infections are associated with costly boldness toward felids in a wild host. *Nature Communications, 12*(1), 3842.

Hillman, A. E., Lymbery, A. J., & Thompson, R. C. A. (2015). Is *Toxoplasma gondii* a threat to the conservation of free-ranging Australian marsupial populations? *International Journal for Parasitology: Parasites and Wildlife, 5*(1), 17–27.

Holland, G.N., O´Connor, G.R., Diaz, R.F., Minasi, W.M., & Wara, W.M. (1988). Ocular toxoplasmosis in immunosuppressed nonhuman primates. *Investigative Ophthalmology & Visual Science , 29*(6), 835–842.

Hu, K., Johnson, J., Flores, L., Fraunholz, M., Suravajjala, S., DiLullo, C., Yates, J., Roos, D. S., & Murray, J. M. (2006). Cytoskeletal components of an invasion machine – The apical complex of *Toxoplasma gondii. PLoS Pathogens, 2*(2), e13.

Jessup, D. A., & Radcliffe, R. W. (2023). *Wildlife diseases and health in conservation.* Johns Hopkins University Press.

Kluyber, D., Desbiez, A. L. J., Attias, N., Massocato, G. F., Gennari, S. M., Soares, H. S., Bagagli, E., Bosco, S. M. G., Garcés, H. G., Ferreira, J. D. S., Fontes, A. N. B., Suffys, P. N., Meireles, L. R., Jansen, A. M., Luna, E. J. A., & Roque, A. L. R. (2021). Zoonotic parasites infecting free-living armadillos from Brazil. *Transboundary and Emerging Diseases, 68*(3), 1639–1651.

Levine, N. D. (1977). Tazonomy of Toxoplasma. *The Journal of Protozoology, 24*(1), 36–41.

Mariani, D.B., Gennari, S.M., Soares, H.S., Hurtado, R., Galizia, V.C., Silva, M.B., Macedo, E.C., Dias, R.A., & Silva, J.C.R. (2024). Toxoplasma gondii antibodies in tropical seabirds from the Rocas Atoll Biological Reserve, Brazil. *Revista Brasileira de Parasitologia Veterinária , 33*(4), e009924.

Napolitano, M. (2012). *The role of back barrier Islands in the Native American Economics of St. Catherines Island, Georgia* (University of Georgia Laboratory of Archaeology Series Report Number 85). https://doi.org/10.13140/RG.2.1.1445.9365

Newsome, A. S. (1980). Differences in the diet of male and female red kangaroos in central Australia. *African Journal of Ecology, 18*(1), 27–31.

Pena, H. F. J., Ferrari, V. M., Aires, L. P. N., Soares, H. S., Oliveira, S., Alves, B. F., Gennari, S. M., Dubey, J. P., de Mattos, L. C., de Mattos, C. C. B., & Castiglioni, L. (2020). First isolation and genotyping of *Toxoplasma gondii* in a free-living giant anteater (*Myrmecophaga tridactyla*) revealed a unique non-archetypal genotype. *Acta Tropica, 204*, 105335.

Pérez Flores, J., Weissenberger, H., López-Cen, A., & Calmé, S. (2020). Environmental Factors Influencing the Occurrence of Unhealthy Tapirs in the Southern Yucatan Peninsula. *EcoHealth, 17*(3), 359–369.

Robinson, S., Falisnki, K., Johnson, D., VanWormer, E., Shapiro, K., Amlin, A., & Barbieri, M. (2024). Evaluating the risk landscape of Hawaiian monk seal exposure to *Toxoplasma gondii*. *EcoHealth, 21*(2–4), 141–154.

Robinson, S. J., Amlin, A., & Barbieri, M. M. (2023). Terrestrial pathogen pollutant, *Toxoplasma gondii*, threatens hawaiian monk seals (*Neomonachus schauinslandi*) following heavy runoff events. *Journal of Wildlife Diseases, 59*(1), 1–11.

Sant'Ana, F. J. F., Batista, J. D. S., Blume, G. R., Sonne, L., & Barros, C. S. L. (2020). Fatal disseminated toxoplasmosis in a brown-throated sloth (*Bradypus variegatus*) from Northern Brazil – Case report. *Acta Veterinaria Hungarica, 68*(3), 285–288.

Stelzer, S., Basso, W., Silván, J. B., Ortega-Mora, L. M., Maksimov, P., Gethmann, J., Conraths, F. J., & Schares, G. (2019). *Toxoplasma gondii* infection and toxoplasmosis in farm animals: Risk factors and economic impact. *Food and Waterborne Parasitology, 15*, e00037.

Storch, V., & Welsch, U. (2014). *Kükenthal Zoologisches Praktikum*. Springer Spektrum.

Taggart, P. L., Fancourt, B. A., Peacock, D., Caraguel, C. G. B., & McAllister, M. M. (2019). Variation in *Toxoplasma gondii* seroprevalence: Effects of site, sex, species and behaviour between insular and mainland macropods. *Wildlife Research, 47*(8), 540–546.

Tassi, P. (2007). *Toxoplasma gondii* infection in horses. A review. *Parassitologia, 49*(1–2), 7–15.

de Thoisy, B., Demar, M., Aznar, C., & Carme, B. (2003). Ecological correlates of *Toxoplasma gondii* exposure in free-ranging neotropical mammals. *Journal of Wildlife Diseases, 39*(2), 456–459.

Tryland, M. (2022). *Arctic one health. Challenges for Northern animals and people*. Springer Nature Switzerland AG.

Uzelac, A., Klun, I., Ćirović, D., Penezić, A., Ćirković, V., & Djurković-Djaković, O. (2019). Detection and genotyping of *Toxoplasma gondii* in wild canids in Serbia. *Parasitology International, 73*, 101973.

Votýpka, J., Kolářová, I., & Horák, P. (2023). *Von Parasiten und Menschen*. Springer.

Wait, L. F., Srour, A., Smith, I. G., Cassey, P., Sims, S. K., & McAllister, M. M. (2015). A comparison of antiserum and protein A as secondary reagents to assess *Toxoplasma gondii* antibody titers in cats and spotted hyenas. *The Journal of Parasitology, 101*(3), 390–392.

Wildman, D.E., Chen, C., Erez, O., Grossman, L.I., Goodman, M., & Romero, R. (2006). Evolution of the mammalian placenta revealed by phylogenetic analysis. *Proceedings of the National Academy of Sciences of the United States of America , 103*(9), 3203–3208.

Wong, S. Y., & Remington, J. S. (1993). Biology of *Toxoplasma gondii. AIDS, 7*(3), 299–316.

Wyss, R., Sager, H., & Müller, N. (2000). Untersuchungen zum Vorkommen von *Toxoplasma gondii* und *Neospora caninum* unter fleischhygienischen Aspekten. *Schweizer Archiv für Tierheilkunde, 142*(3), 95–108.

Yang, Y., Dong, H., Su, R., Jiang, N., Li, T., Su, C., Yuan, Z., & Zhang, L. (2019). Direct evidence of an extra-intestinal cycle of *Toxoplasma gondii* in tigers (*Panthera tigris*) by isolation of viable strains. *Emerging Microbes & Infections, 8*(1), 1550–1552.

Zaki, L., Olfatifar, M., Ghaffarifar, F., Eslahi, A. V., Saryazdi, A. K. P., Taghipour, A., Hamidianfar, N., Badri, M., & Jokelainen, P. (2024). Global prevalence of *Toxoplasma gondii* in birds: A systematic review and meta-analysis. *Parasite Epidemiology and Control, 25*, e00350.

Zhang, X. X., Zhang, N. Z., Tian, W. P., Zhou, D. H., Xu, Y. T., & Zhu, X. Q. (2014). First report of *Toxoplasma gondii* seroprevalence in pet parrots in China. *Vector Borne and Zoonotic Diseases, 14*(6), 394–398.

Zeitfracht Medien GmbH
Ferdinand-Jühlke-Straße 7
99095 Erfurt, Deutschland
produktsicherheit@kolibri360.de